Simone Heyder · Sonja Faber-Schrecklein
Die Pferdeflüsterin aus dem Schwarzwald

Wir widmen dieses Buch allen Menschen wie Krystyna,
die uneigennützig und unbeachtet Gutes tun.
Die Welt braucht mehr von diesen Menschen.

Simone Heyder

Simone Heyder ist Hobby-Köchin, Imkerin und Reiterin. In dieser Reihenfolge, und zwar mit abnehmender Kompetenz. Aber eigentlich ist sie Kulturwissenschaftlerin und Journalistin. Sie ist Autorin und Redakteurin beim SWR Fernsehen. Von »ARD-Buffet« und »betrifft« über »Stadt-Land-Quiz« bis zur Landesschau hat sie schon viele Formate auf den Bildschirm gebracht. Sie ist Mitbegründerin einer Filmproduktion und hat als freischaffende Filmemacherin etliche für Preise nominierte Dokumentarfilme gemacht. Simone Heyder hat unter Pseudonym neun Romane veröffentlicht.

Sonja Faber-Schrecklein

Sie liebt Baden-Württemberg – und für ihr außerordentliches Engagement im Land wurde sie am 22. Juni 2015 mit dem Bundesverdienstkreuz ausgezeichnet. Sonja Faber-Schrecklein wuchs in Esslingen am Neckar auf und reist seit 1991 für den SWR durchs Land und trifft die verschiedensten Menschen.

Neben ihrer Tätigkeit beim SWR ist Faber-Schrecklein Stiftungsvorstand der Deutschen Kinderkrebsnachsorge – Stiftung für das chronisch kranke Kind. Die Stiftung ist Mitgesellschafterin der Nachsorgeklinik Tannheim im Schwarzwald und engagiert sich für Familien mit chronisch kranken Kindern.

Simone Heyder · Sonja Faber-Schrecklein

Die Pferdeflüsterin aus dem Schwarzwald

Die bewegende Lebensgeschichte
einer außergewöhnlichen Frau

Mit Fotografien von Beate Haberstroh

 Das Begleitbuch zur SWR-Doku
»Die Pferdeflüsterin«

Danksagung

Unser Dank gilt allen, die an diesem Buch und seiner Geschichte beteiligt waren, und natürlich allen, die Krystyna geholfen haben. Ein besonderer Dank geht an unsere Angetrauten, die von Anfang mit dabei waren und mit uns sogar an einem Feiertag ziemlich spontan einen Verein gegründet haben. Sonja dankt also ihrem Mann Klaus-Jochen und Simone ihrer Frau Carola.

Das Buch zur Fernsehproduktion »Die Pferdeflüsterin« des SWR in Zusammenarbeit mit der SWR Media Services GmbH

Bildnachweis
Emil Moosmann: S. 11 oben und unten; Steffi Herzog: S. 46 oben und unten, S. 48; Sabine Lingott: S. 47. Alle anderen © Beate Haberstroh.

1. Auflage 2021

Umschlaggestaltung, Layout und Satz: BUCHFLINK Rüdiger Wagner, Nördlingen.
Coverfoto: Beate Haberstroh, Coverhintergrund: © ninaveter – Shutterstock.
Lektorat: Michael Raffel, Tübingen.
Printed in Slovenia by Florjančič

ISBN 978-3-8425-2295-4

Ihre Meinung ist wichtig für unsere Verlagsarbeit. Senden Sie uns Ihre Kritik und Anregungen unter **meinung@silberburg.de**
Besuchen Sie uns im Internet und entdecken Sie die Vielfalt unseres Verlagsprogramms:
www.silberburg.de

Inhalt

Vorwort

Der SWR hat sich angekündigt. Sonja Faber-Schrecklein möchte mit einer älteren Dame vorbeikommen, die ihre Ausbildung in Marbach gemacht hat. Marbach sei deren zweite Heimat gewesen, berichtet Simone Heyder am Telefon. Mir sagt der Name Krystyna Laskowski zu der Zeit nichts. Wir schauen im Archiv nach – nein, eine Auszubildende Laskowski hat es in Marbach nicht gegeben. Ich frage bei den Gestütern nach, die schon seit Jahrzehnten mit den Pferden und Menschen in Marbach arbeiten. Hauptsattelmeister Karl Single spitzt die Ohren: Er erinnere sich

an eine Schülerin Krystyna in der Landesreit- und Landesfahrschule – schon lange her. Jetzt bin ich neugierig. Wer die Dame wohl ist? Simone Heyder hat ein wenig erzählt: Sie lebe mit ihren Araberpferden auf einem kleinen Hof und biete Kindern und Jugendlichen, die es aus irgendwelchen Gründen schwer haben wie sie selbst früher auch, Therapie mit ihren Pferden.

Und da steht sie vor mir im Gestütshof Marbach, am Stutenbrunnen: eine kleine gebeugte Frau, die mich mit blitzenden Augen und festem Händedruck begrüßt. So fasst nur eine Pferdefrau zu, die täglich im Stall arbeitet. Zunächst noch etwas wortkarg, beantwortet sie auf dem Weg zu den Pferden meine Fragen, wann sie in Marbach gewesen ist, wer ihre Ausbilder waren. Wir erreichen den Hauptbeschäler-stall mit den Vollblutaraberhengsten. Da ist das Eis gebrochen, und die Rollen wechseln: Krystyna Laskowski fragt mich aus über die Marbacher Vollblut-araber, die sie aus der Zeit kennt, als Hadban Enzahi aus dem ägyptischen Staatsgestüt El Zahraa nach Marbach kam und in den 1950er Jahren die berühm-te Silberne Herde formte. Sie will alles wissen, und es

Dr. Astrid von Velsen-Zerweck,
Landoberstallmeisterin Marbach

entspinnt sich ein Fachgespräch, das mir in seiner Tiefe viel Freude macht. Es gibt nicht viele, die sich so auskennen. Auf unserem weiteren Weg durchs Gestüt und zu den Fohlen erzählt sie mir über ihre Arbeit mit den Kindern und von ihren Araberpferden. Die existenziellen Widrigkeiten, die sie immer wieder zu meistern hatte, kommen nur im Nebensatz vor, wichtig sind die Lebewesen, ob zwei- oder vierbeinig – um ihr Wohlergehen dreht sich bei Krystyna Laskowski alles. Sie könnte verbittert sein bei allem, was sie erlebt hat, andere hätten längst aufgegeben. Doch sie hat sich ihren Traum erfüllt, mit Pferden zu leben und dabei anderen

Menschen Chancen zu bieten, die sie nicht hatte. Und sie hat sich ihren Humor bewahrt, der Herzen öffnet. Ihre Lebensfreude überträgt sich auf ihr Gegenüber.

Die erste Begegnung mit dieser großherzigen Pferdefrau in Marbach werde ich nicht vergessen, auch wenn ich ihr später immer wieder einmal begegnet bin und die Filme im SWR über sie gesehen habe. Krystyna Laskowski ist ein Vorbild für gelebte Menschlichkeit, allen Schwierigkeiten zum Trotz. Ihre Liebe zu Mensch und Tier ist unerschütterlich.

Marbach, im Dezember 2020

Dr. Astrid von Velsen-Zerweck
Landoberstallmeisterin

Krystyna Laskowski, Araberstute Nadessa und Sonja Faber-Schrecklein im Oktober 2020

Ein Leben zwischen Himmel und Hölle

Dies ist die Geschichte einer unglaublichen Frau, einer Pferdeflüsterin. Die Geschichte einer Überlebenskünstlerin, einer kleinen Person mit großem Herzen. Einer Frau, die immer kämpfen musste, die aber anderen immer helfen will. Einer Frau, bei der Glück und Unglück immer ganz nah beieinanderliegen. Einer Frau, die immer wieder neu anfangen musste.

Es gibt Menschen, die das Leben von anderen verändern. Nachhaltig.

Bei uns ist es so gekommen. Ihr Name: Krystyna Laskowski, 71 Jahre alt und eine unglaublich feine, ja lautere Frau, die immer mitten im Leben steht. Wer Krystyna Laskowski nicht kennt, unterschätzt sie gern. Ein Leben voller Schicksalsschläge hat ihr den Buckel krumm gemacht. Aber ich habe selten so viel Herz erlebt wie bei dieser einfühlsamen Menschen- und Pferdefreundin.

Dies ist die Geschichte einer Pferdeflüsterin. Ein Leben zwischen Himmel und Hölle – und es ist uns ein Herzensanliegen, diese Geschichte zu erzählen.

Wie alles anfing

2016 kam ich das erste Mal nach Fluorn-Winzeln – für die Sendung »Landesschau Mobil«, die ich schon einige Jahre machte und die mich in ganz Baden-Württemberg herumführte, um über Orte und ihre Menschen zu berichten. Wir hatten in der Redaktion eine Zuschrift von einem Herrn Emil Moosmann erhalten: Wir mögen doch einmal in seine Heimat kommen und mit der Sendung von dort berichten. In Fluorn-Win-

Der Staffelbachhof in Fluorn-Winzeln 2017

zeln gibt es einen kleinen Flugplatz für Segelflieger und kleine Motormaschinen, von dort kannte er meinen Kollegen Michael Kost, der passionierter Flieger ist.

Ihn schrieb er also an und schickte gleich eine ganze Liste an Vorschlägen mit, worüber man in Fluorn-Winzeln berichten könnte. Da er schon lange freier Mitarbeiter für den Schwarzwälder Boten war, kannte er sich bestens aus. Auf dieser Liste stand auch die Araberreitschule von Krystyna Laskowski. Meine planende Redakteurin Simone Heyder recherchierte alles, und als Reiterin und Islandpferdebegeisterte hatte sie natürlich gleich ein Auge auf das Reitthema. Wir haben sie in der Redaktion noch aufgezogen damit! Aber es hörte sich schließlich interessant an, und die wenigen Fotos, die sie im Internet gefunden hatte, zeigten eine knuffige ältere Frau mit lustigen grauen Löckchen, die ganz offensichtlich ihre Pferde sehr liebte.

Der erste Anblick: weiße Araber auf ihrer Koppel

Meine Kollegin Simone Heyder telefonierte daraufhin ein paar Mal mit Krystyna Laskowski. Oder besser: versuchte zu telefonieren. Der Handyempfang auf dem Staffelbachhof war selbst zu den besten Zeiten nur mäßig. Es war also nicht einfach, mehr zu besprechen als einen Termin.

Simone fuhr dann zu einem Vorgespräch mit Krystyna Laskowski auf den Hof. Wie sie hinterher berichtete, war es gar nicht so einfach, ihn ohne Ortskenntnisse überhaupt zu finden, denn er lag außerhalb des Dorfes. Sie berichtete mir von Krystyna Laskowski und deutete bereits an, dass an der Geschichte mehr dran war als an einem »üblichen« Pferdehof. Wir redeten sogar darüber, wie wir damit umgehen sollten, dass Krystyna Laskowski nur noch ungefähr drei Zähne im Mund hatte und wie das mit der Kamera angemessen abgebildet werden könnte. Mir war schon im Vorfeld klar, dass das ein besonderer Dreh werden würde. Wie besonders, wurde mir allerdings erst mit der Zeit klar. Und auch, wie sehr Krystyna Laskowski mein Leben und das meiner Kollegin verändern würde – welchen tiefen Eindruck diese Begegnung mit Krystyna Laskowski uns hinterlassen würde.

Krystyna Laskowski reitet Hengst Nesko

Die erste Begegnung

Damals lebte die Reittherapeutin mit zwölf Araberpferden und zwei Ponys auf dem Staffelbachhof. Dreißig Jahre lang hatte sie sie gezüchtet. Krystyna Laskowski sah so sturmerprobt aus wie die knorrigen Bäume, unter denen ihre schneeweißen Stuten standen.

Sonja Faber-Schrecklein mit Film-Team

Krystyna war bei meiner Ankunft dabei, für ihre alten Pferde ein Mash zu machen, so eine Art eingeweichtes Müsli. Zu dem Zeitpunkt war ihre älteste Stute Nebraska 34 Jahr alt, wie sie gleich zu Beginn erzählte. Die kleine Frau mit dem Buckel kam angewackelt bei unserer Ankunft, mit raspelkurz geschorenen Haaren – keine Löckchen weit und breit in Sicht – und mit einem alten rosafarbenen Kapuzenpulli bekleidet, der schon bessere Zeiten gesehen hatte, und strahlte uns mit ihren drei Zähnen an.

Normalerweise lassen sich die meisten Leute vor den Dreharbeiten die Locken beim Friseur ondulieren, ziehen sich schick an und sind über alle Maßen aufgeregt, so dass wir sie erst einmal beruhigen müssen. Nicht so Krystyna Laskowski, die ganz andere Prioritäten hatte: Sie musste erst einmal ihre Pferde füttern.

Die kleine Reithalle wurde von einer Reitschülerin für die Reittherapie gerichtet, der Sand geglättet. Für den Nachmittag war die Amselgruppe Rottweil angekündigt. Mit den an Multipler Sklerose, MS, erkrankten Menschen waren wir auch zum Dreh verabredet. Das Wetter war nicht sehr angenehm an diesem Tag, regnerisch und kalt. Es war Oktober.

»Da sind aber auch ganz harte dabei, bei den MS-Kranken. Die gehen auch bei Wind und Wetter auf den Reitplatz«, sagte Krystyna Laskowski dazu und lachte ein bisschen.

Sie stellte mir gleich alle ihre Leute vor, die auf dem Hof zugange waren. Eine Studentin, die regelmäßig zu ihr kam und mithalf. Eine dreizehnjährige Schülerin, die in der Schule Schwierigkeiten hatte, bis sie bei Krystyna auf dem Hof angefangen hatte. Ihre langjährige Mitarbeiterin Bärbel Hermann.

Erste Begegnung bei den Dreharbeiten 2016

Drei Hengste zusammen auf der Weide

»Wir betreiben den ganzen Hof hauptsächlich mit Menschen mit Behinderung. Wie Bärbel. Aber auch aus dem Heim in Fluorn-Winzeln. Und natürlich mit Reitschülern.«

Krystyna ging gleich von Anfang an wie ein Profi mit der Kamera um. Sie hatte keinerlei Scheu vor dem großen, schwarzen Kasten. Sie redete darauf los und erzählte, war nicht schüchtern wie viele andere Menschen, wenn das rote Licht für die Aufnahme leuchtet. War nicht darauf bedacht, wie sie aussah und rüberkam. Sie war einfach sie selbst. Mir gefiel sie auf Anhieb enorm. Und ich war nachhaltig beeindruckt, was diese kleine Frau mit den körperlichen Gebrechen alles auf die Beine stellte.

So stiegen wir mit großer gegenseitiger Sympathie in unser erstes Gespräch vor der Kamera ein. Mit dieser Natürlichkeit und Herzlichkeit, die dann später auch immer wieder die Zuschauer des SWR packte.

»Werden alle Ihre Pferde denn geritten?«, fragte ich ganz naiv zum Einstieg. Ich hatte ja nur eine kleine Einführung durch meine Kollegin erhalten und wusste noch nicht viel über Krystyna Laskowskis Fachwissen und Liebe zu ihren Pferden. Aber ich hatte schon gesehen, dass sie auch Hengste auf dem Hof hielt. Ich dachte natürlich, dass die Hengste nicht in der Reittherapie eingesetzt würden. Was wusste ich damals über Krystyna Laskowski!

»Geritten werden alle. Auch die Hengste«, antwortete mir Krystyna Laskowski blitzschnell und mit einer unglaublichen Selbstverständlichkeit. »Die sind zum Teil im Schulbetrieb mit drin, zum Teil werden sie einzeln geritten. Drei Hengste zusammen, das geht auch.«

»Ehrlich? Araberhengste? Der Araber an sich hat ja mit seinem Vollblut ein Temperament ohnegleichen. Und dann noch ein Hengst? Mein lieber Schieber!«

»Mein Fuchshengst Nesko, der geht regelmäßig bei den Kinderreitstunden mit Stuten in der Abteilung, im Gelände draußen. Alles.«

»Und wenn die Stuten rossig sind?«

»Da muss ich ein bisschen aufpassen. Dann kann es sein, er brummelt ein wenig und macht einen großen Kragen. Dann sage ich: ›Hey, ausgehengstelt. Wenn der Sattel und der Mensch an dir ist, dann sind wir maßgebend, und es spielt keine Rolle mehr, dass du ein Hengst bist.‹«

»Und dann folgt der?«

»Sie sehen doch, wie ruhig die sind, obwohl es sechs Hengste sind. Da sagt jeder, das gibt es doch nicht. Sechs Hengste und so eine Ruhe im Stall, obwohl Stuten nebendran sind, die regelmäßig rossig werden, weil ich nicht mehr züchte. Und das merken die Hengste natürlich. Vor uns sogar. Und dann werden sie schon ein wenig aufgedreht, aber nicht schlimm.«

»Dann haben Sie ja ein unglaubliches Händchen, oder?«

»Von klein auf ein bisschen.«

»Hat es Sie immer zu den Pferden hingezogen?«

»Eigentlich nicht. Ich bin im Kinderheim groß geworden und musste da in der Landwirtschaft arbeiten. Aus Strafe musste ich mal in den Stall, wo ein wilder Hengst drin war. Die haben Angst gehabt und haben gesagt, da gehst du nicht rein. Ich bin trotzdem rein, weil ich etwas falsch gemacht habe, und da hätte ich den Ranzen vollkriegen sollen. Ich hab gedacht: Lieber lass ich mich von ihm totschlagen, dann hab ich meine Ruhe im Kinderheim. Dann war ich unter dem Hengst gelegen, und der hat nichts gemacht. Und von da an war die Liebe da.«

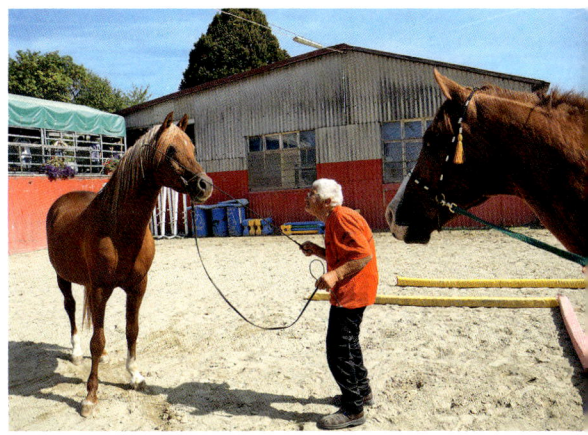

Krystyna Laskowski mit den Hengsten Onaka und Nesko

Bumms. So sagte sie das einfach und schockierte mich nicht schlecht. Und später auch zahlreiche Zuschauer, die diesen Ausschnitt über ihr Erlebnis im Kinderheim sahen.

Ich ließ das erst einmal so stehen. Wir sollten in weiteren Gesprächen immer wieder auf ihre Vergangenheit zurückkommen. Diese Kindheit voller Angst, wie ich es damals nannte, ging zu Ende, aber die Liebe zu den Hengsten, ja zu allen Pferden

Kinderreitstunde auf dem Staffelbachhof

ist Krystyna Laskowski geblieben. So viel war mir in diesem Moment schon klar, als wir vor den Hengstboxen standen.

Wir gingen dann weiter zu ihrem umzäunten Reitplatz.

»Völlig unaufgeregt. Normalerweise spinnen die Gäule, wenn wir mit der Kamera da sind. Wie so ein feindliches Auge.«

»Die sind viel gewöhnt. Ich geh ins Gelände mit den Hengsten. Mach viel Therapie mit ihnen. Viel Gymnastik, bau mir einen kleinen Parcours. Ein Trail-Parcours, bei dem sie auch mitmachen. Ich konfrontier sie mit allem. Weil ich sage, je mehr man von den Pferden abhält, desto verschreckender tun sie, wenn irgendwie was ist. Ich bin auch früher regelmäßig mit ihnen auf Fasnachtsumzügen mitgeritten. In Rottweil beim Narrensprung. Und hab auch sonst Umzüge gemacht. Ich bin auch Festwagen gefahren mit meinen Pferden. Das war immer gut. Ich hab sie nie beruhigen müssen. Die gehen auch jetzt regelmäßig beim Sankt Martin mit. Alle meine Pferde. In verschiedenen Orten. Und in Weingarten auf dem Blutritt. Da stelle ich auch immer den Pfarrern vier Pferde zur Verfügung. Ich halte nichts fern von ihnen. So hab ich halt die Sicherheit mit den Kindern, mit Anfängern und Behinderten, dass nichts passiert. Dass sie nicht verschrecken. Die wollen ja normalerweise den Menschen nichts tun, aber vor Schreck können sie mal irgendwo hinrennen und dann unter Umständen doch jemanden umschmeißen. Ob sie es wollen oder nicht. Von daher muss ich da einfach gucken, dass das so klappt. Dass die da so friedlich sind.«

»Perfekt. Ich bin ja als junges Mädchen natürlich auch geritten. Wie das immer so üblich ist. Aber irgendwann habe ich dann Angst gekriegt und aufgehört.«

»Ja, wenn der Verstand einsetzt. Das merke ich auch bei den Kindern. Wenn sie ganz klein anfangen mit dem Reiten, die sind ganz mutig, da hab ich mehr Angst ums Kindle. Dann kommen sie in ein gewisses Alter, haben woanders schon mal Angst erlebt, dann überträgt sich das ein bisschen. Das ist meine Erfahrung, die ich gemacht habe.«

»Also, Sie könnten mir versprechen, dass der mir nichts tut?«

»Ja.« Und das sagte sie, als ob es das Selbstverständlichste auf der Welt wäre.

»Gut, dann traue ich mich.«

Gesagt, getan. Als die Pferde gesattelt waren, gab mir Krystyna Laskowski einen Reithelm, und zusammen gingen wir wieder zum Reitplatz. Der brave Wallach Neddor war für mich vorgesehen. Es gab eine Aufstiegshilfe mit Treppe, die für die Reittherapie wichtig ist. So kommen auch Menschen mit Handicap aufs Pferd. Und ich war darüber sehr dankbar. Als ich auf Neddor saß, nahm die Pferdeflüsterin mich beziehungsweise Neddor am Zügel, und wir wackelten gemütlich über den Platz. Neddor hatte nicht so richtig Lust, mit der komischen Reporterin oben drauf zu laufen. Und ich hatte tatsächlich keine Angst. Wir kamen ins Plaudern. Jetzt wollte ich die Sache mit dem Kinderheim noch einmal ansprechen.

»Darf ich fragen, weshalb eigentlich Kinderheim?«

»Ich bin ein Findelkind, hab keine Eltern und bin dann gefunden worden im Mülleimer vor einem Flüchtlingslager in Heilbronn. Ich war dann erst im Krankenhaus, weil ich in Zeitungspapier eingewickelt war, so acht bis zehn Tage alt, laut Arzt. Und dann haben sie mich erst aufgepäppelt, und dann bin ich ins Kinderheim gekommen. Am Heiligabend unter den Christbaum gelegt worden, und da hat es geheißen: unser Christkindle.

Im Kinderheim in den Nachkriegszeiten. Damals war es bei allen nicht einfach, aber im Kinderheim noch schwieriger. Da mussten wir viel in der Landwirtschaft arbeiten. Das Kinderheim hatte eine eigene Landwirtschaft. Die wurde mit den Kindern und Jugendlichen betrieben. Da mussten wir die Tiere versorgen, wir mussten melken, Schweine hüten. Wenn die Ferkel auf die Welt gekommen sind, mussten wir die hüten, aufpassen, dass keines verlegen wurde. Das mussten wir uns alles selbst beibringen.«

Sie hörte sich ganz abgeklärt an, wie sie mir das alles erzählte. Aber für mich war die Geschichte ganz furchtbar, und später, im Laufe unserer Recherchen, sollte sich noch einiges dazugesellen. Aber ich fragte weiter.

»Wie war die Kindheit im Heim?«

»Ha! Sehr turbulent. Viel arbeiten, wenig zu essen und immer ein bisschen Schwierigkeiten mit der Verständigung.

Nebraska im Reitunterricht

Wenn was gewesen ist, hat man immer gleich den Ranzen voll gekriegt. War also nicht ganz einfach.«

»Und deswegen haben Sie sich entschieden, der Nachwelt trotzdem noch Gutes zu tun?«

»Ich hab mir immer wieder gesagt, ich weiß nicht, was meine Mutter bewegt hat, dass sie mich ausgesetzt hat nach dem Weltkrieg. Weil ich selbst keine gute Kindheit hatte, dann ist das für mich ein schützendes Projekt – die Kinder. Ich sage immer, das was ich erlebt habe, will ich nie anderen Kindern zumuten und will denen einfach das Schönste möglich machen. Und auch dass ich es sozial schwachen Familien, die den Kindern nicht viel bieten können, ermögliche, für fünf Euro zu reiten. Aus diesem Grund.«

Nebraska wird von Adrienne geführt

Krystyna Laskowskis Geschichte bewegte mich sehr. Ich vergaß ganz, dass ich auf einem Pferd saß. Meine kleine Runde auf dem Reitplatz war schneller um, als ich dachte. Neddor und Nebraska kamen wieder in ihren großen Auslauf hinein, wo die fünf weißen Pferde untergebracht waren. Der Wallach Neddor und die vier Stuten Nadessa, Nebraska, Nesrin und Ronja. Krystyna zeigte mir erst einmal den Rest des Hofes, und ich traf die verschiedenen Menschen, die bei ihr ein- und ausgingen. Heute weiß ich, dass das normal ist. Krystyna ist wie ein Magnet. Mensch und Tier sind gerne in ihrer Nähe.

Die erste Kinderreitstunde stand dann bevor, und Nebraska musste nach der Pause wieder an die Arbeit. Im Gehen erzählte Krystyna Laskowski. Denn über Nebraska erzählte sie besonders gerne. Auch das merkte ich im Laufe unserer Begegnungen.

»Auf Ihre Stammmutter sind Sie besonders stolz, das hab ich schon rausgehört.«

»Die ist 34 Jahre alt. Die hat zehn Fohlen bei mir gekriegt. Da hab schon die vierte Generation.«

Wir holten Nebraska zusammen wieder aus dem Laufstall. Am Sattelplatz angebunden, merkte man gleich den Unterschied zu Krystyna Laskowskis anderen Pferden. Die Kamera war ihr unheimlich, die zwei fremden Männer dahinter und ich wohl auch. Die Pferdeflüsterin redete beruhigend auf sie ein.

»Es passiert nichts. So ist es fein. Guck, ist das jetzt schlimm? Es passiert nichts. Bei ihr muss ich sagen, die hab ich zum Schlachtpreis gekauft aus ganz schlechter Haltung, und die hatte auch einen sehr schweren Unfall gehabt. Damals hat es geheißen, die kann nicht mehr geritten werden. Weil sie aber so eine gute Abstammung hatte, wollten sie sie zur Zucht nehmen und haben sie aber nicht tragend bekommen. Weil sie so verstört war. Selbst mit künstlicher Besamung hat sie die Fohlen immer wieder verloren. Sie hat niemandem mehr getraut. Schon bei unserer ersten Begegnung hatte ich einen Draht zu ihr. Sie war in zwei Jahren auf fünf verschiedenen Höfen gewesen. Niemand kam mit ihr zurecht, weil niemand geduldig genug war, sich Zeit genommen hat. Ich habe mit ihr ein Jahr lang nur Spaziergänge und Bodenarbeit gemacht. Als sie dann bei mir die Verbindung gespürt hat und ich sie umsorgt habe in den ersten Monaten, dann war das gut. Es war nur beim ersten Fohlen sehr kritisch. Ich habe immer ein Jahr dazwischen gelassen, so dass sie sich wieder erholen konnte, und sie erst dann wieder decken lassen. Das war nie ein Problem. Nach dem ersten Fohlen habe ich dann wieder angefangen mit Reiten. Dann ging sie A- und L-Dressur, A- und L-Springen. Das war das erste Araberpferdchen, das ich hatte.«

Und mit ihren 34 Jahren lief Nebraska immer noch in der Kinderreitstunde. Nebraska hatte Temperament und wollte vorwärts. Trotz ihres hohen Alters.

Ich schaute mir das Gewusel an und die zufriedene Krystyna Laskowski mitten dazwischen.

»Schon schön, wenn man auf so ein Lebenswerk schauen kann, oder?«, fragte ich sie in einem ruhigen Moment.

»Das ist das auch, was mich aufrecht hält. Deshalb hab ich auch alles so überstehen können. Sonst wäre ich auch nicht so weit gekommen. Und hätte alles auch nicht so leicht überstanden. Das ist halt einfach meine Lebensaufgabe, sage ich immer. Dass ich davongekommen bin, als ich im Mülleimer gewesen bin und keiner geglaubt hat, dass ich davonkomme. Dann denke ich, muss ich das so ein bisschen beweisen.«

»Zurückgeben, meinen Sie. Bei Ihnen muss man nicht so arg viel bezahlen, wenn man reiten will.«

»Ich sag, es gibt so viele Menschen auf der Welt, die wirklich das Geld auch nicht so dazu haben, aber ein Feeling für ein Tier und einfach auch eine Bestätigung brauchen, eine Freude brauchen, und das möchte ich einfach ermöglichen. Ich selber brauche nicht viel für mich. Ich kann die Pferde selber richten, putzen, misten, dann brauche ich niemanden bezahlen, und so kann ich so einen Hof halten.«

Unglaublich, oder? Ich war sehr beeindruckt, dass es heutzutage noch solche Menschen wie Krystyna Laskowski gibt. Manchmal hat man in unserer Gesellschaft den Eindruck, alles dreht sich nur noch um Geld und darum, wie man am schnellsten am meisten davon anhäufen kann. Und wenn man dann jemandem wie Krystyna begegnet, merkt man, dass es auch anders gehen kann. Dieses kleine, buckelige Frauchen mit den drei Zähnen stärkte an diesem ersten Tag unseres Kennenlernens meinen Glauben an die Menschheit.

Aber der Tag war ja noch nicht einmal zu Ende. Denn da kam schon ihre MS-Gruppe auf den Hof gefahren. Die Amselgruppe Rottweil kommt mittlerweile bald dreißig Jahre zu ihr zur Reittherapie. Als Erste wurde Frau Abele in ihrem Rollstuhl aus einem Caddy herausgefahren. Dann kamen in einem Bus noch die anderen Mitglieder mit diversen Rollatoren, Krücken und Rollstühlen. Ich war fast ein wenig konsterniert. Und diese Menschen wollten tatsächlich auf ein Pferd steigen und reiten?

Sie wollten tatsächlich, wie ich dann selbst erleben durfte. Als Erster wurde Severin Jauch mit Gurten ausstaffiert und dann mit Krystynas speziellem Lift auf das Therapiepferd Neddor gehievt. Ein unglaublicher Anblick! Ein riesiges Vertrauen, das die Menschen mit MS Krystyna und ihren Pferden entgegenbrachten.

»Die fröhlichen Gesichter von meinen MSlern«, sagte Krystyna Laskowski, selbst im ganzen Gesicht strahlend. Ich konnte nur bestätigend nicken. Und fragte mich, wie oft mich die Frau heute noch beeindrucken würde.

Nebraska und Helferin Bianca auf Neddor

Sie erzählte weiter: »Schon allein die Körperwärme vom Pferd ist ganz wichtig. Das stimuliert zum Beispiel auch die Blase. Dann können die Menschen das Wasser wieder besser halten. Wenn sie das Therapiereiten im Sommer haben, nehmen sie bis zu fünf Tabletten am Tag weniger. Das erzählen sie mir immer wieder, und deswegen bin ich auch so dahinter her und habe auch noch nie einen Dienstag ausfallen lassen. Da mach ich alles möglich.«

Sie arbeitete wirklich unermüdlich für andere. Und diese kleine Person hatte in der Reithalle plötzlich eine Stimme wie durch ein Megafon. Sie gab Severin Jauch Anweisungen, die nicht zu überhören waren. Während Neddor seine Kreise mit Stallhelferin Bärbel am Halfter zog, musste der MS-Kranke immer wieder die Arme ausstrecken, sich bewegen und mit dem Rhythmus des Pferdes mitgehen.

»So lernen die Menschen wieder das Gleichgewicht zu halten, finden wieder Balance im Körper. Sie sind dann automatisch mit den Beinen mehr am Pferdebauch dran, und durch die Bewegung vom Pferd – rechts, links – geht da immer die Bauchhälfte mit vor, und das ist wie eine Art Massage an den Unterschenkeln.«

Dann wandte ich mich dem Reiter zu, denn ich wollte wissen, was ihn bewog, sich mit seiner Krankheit mit einer Art Kran schwebend aufs Pferd setzen zu lassen.

»Vom Himmel hoch, da komm ich her, Severin Jauch. Sie gefallen mir. Was macht das mit Ihnen?«

»Die Bewegungen vom Pferd tun gut im Gesäß und im Kreuz«, gab er mir bereitwillig Auskunft.

»Dann sind Sie danach butterweich?«

»Das nicht, aber ein bisschen. Es wird immer besser nach mehreren Runden. Dann kann ich die Bewegungen vom Pferd mitmachen. Und dann lassen die Schmerzen ein bisschen nach. Da spürt man die ganze Muskulatur im Körper. Man wird auch müde dabei.«

»Sie oder das Pferd?«

»Ich! Das Pferd vielleicht auch.«

Wir lachten. Meine Patin hatte auch MS. Ich konnte sehr gut nachvollziehen, was er meinte. Jahrelang ist meine Patentante Gunhild zur Hippotherapie gefahren worden, um eine weiche Muskulatur zu bekommen. Von ihr kam auch der Ausspruch: »wie Butter«. Jedes Mal, wenn sie vom Reiten zurückkam, strahlte sie wie ein Honigkuchenpferd. Die Bewegungen müssen ihr unheimlich gutgetan haben, ebenso die Wärme der Pferde. Und natürlich war es auch anstrengend. Ich glaube, die Hippotherapie hat meiner Tante sicher ein Jahr mehr »Beweglichkeit« geschenkt. Auch wenn die Bewegungen nur im Kleinen merkbar waren – für sie bedeuteten sie viel.

Ich redete mit Anneliese Schrade, der Leiterin der Amselgruppe.

»Krystyna Laskowski ist liebevoll und konsequent«, beschrieb sie Krystyna.

»Das heißt, sie sagt dann schon auch mal: ›Jetzt aber …‹«, fragte ich nach.

»Ja, und man kann sich vertrauensvoll auf die Pferde setzen. Das ist eine tolle Einheit. Das Pferd reagiert sofort, wenn der Kranke nicht gut drauf sitzt. Dann bleibt es stehen, und man kann korrigieren. Es laufen immer zwei Helfer nebenher. Und die Frau Laskowski vorne draus. Das ist eine feine Sache.«

Dann kam ein Erlebnis, das ich so schnell nicht vergessen sollte – neben allen anderen beeindruckenden Erlebnissen dieses Tages. Eine wirklich schon sehr alte Frau ließ sich in die Gurte des Lifts einpacken und aufs Pferd setzen. Und Krystyna Laskowski immer unmittelbar dabei.

»Das ist unsere älteste Teilnehmerin. Vor 26 Jahren haben wir die Hippotherapie im Kreis Rottweil das erste Mal gemacht, und da war sie mit vier Männern die Erste, die teilgenommen hat. Die Frau Abele. Und ist heute noch dabei. Hat aber die Reiterei erst durch die MS angefangen, war vorher nie auf dem Pferd. Und hat den Mut gefasst, mit über 60 noch anzufangen, und ist mit 88 noch dabei.«

Mit dem Lift aufs Pferd

»Also Ihre treueste Kundin sozusagen?«, fragte ich nach.

»Manche MS-Kranke sind leider schon gestorben, wie es halt so ist. Manche überleben mit der Krankheit lange, manche weniger lange. Das kommt auch darauf an, wann die MS angefangen hat und wie sie sich halten und wie sie sich entwickelt. Schubweise. Frau Abele können wir leider nicht mehr allein sitzen lassen. Am Anfang ist sie immer allein gesessen. Wir laufen jetzt rechts und links mit. Aber ich sage immer: erhalten, was noch da ist, weniger wird es von allein.«

Krystyna Laskowski redete auf Frau Abele aufmunternd ein, wie sie es wohl auch mit ihren Pferden tat. Sie wusste genau, wie Frau Abele sitzen musste, damit keine Spastik eintrat. Und ich hing auch gleich mit an ihr und half, sie festzuhalten, bis sie richtig saß.

Und dann ging es irgendwann tatsächlich los. Krystyna Laskowski wackelte vorneweg, und die Reiterin wurde seitlich jeweils gestützt.

Am Anfang dachte ich, die alte Dame habe zu viel Angst und werde sich nicht auf das Reiten einlassen können. Aber schon nach zwei Runden plauderte sie los und fühlte sich sichtlich wohl. Und Neddor benahm sich wie ein Engel. Er lief ganz gleichmäßig und sanft, als ob er wüsste, dass seine Fracht eine besonders zerbrechliche sei.

Krystyna erklärte: »Da braucht man natürlich auch ein entsprechendes Pferd. Ein gutes Pferd, das auch wirklich steht. Sie sehen ja, was das auch für eine Geduldssache für das Pferd ist. Er ist halt ein Therapiepferd. Von fünfzig Pferden ist vielleicht eines geeignet dafür. Und das muss man dann auch sehr gut ausbilden und immer schauen, dass es so bleibt. Wenn man da nicht daran arbeitet, kann das sich auch schnell ändern.«

MS-Patient Severin Jauch bei der Reittherapie

Dann wurde Frau Abele wieder per Lift heruntergehoben. Sie war sichtlich stolz auf sich. Sie strahlte und war glücklich.

Frau Abele ist inzwischen verstorben. Aber sie zu Pferd, zusammen mit Krystyna Laskowski – diese Bilder blieben mir lange im Gedächtnis. So endete mein erster Tag bei der kleinen Pferdeflüsterin.

Die Reaktionen

Meine Arbeit nahm nach diesem Tag ihren weiteren Verlauf. Wieder in Stuttgart zurück, saßen meine Kollegin und ich im Schnitt und machten aus dem gedrehten Material in Fluorn-Winzeln die Sendung fertig. Da sitzt man tatsächlich tagelang und brütet darüber, was alles gezeigt wird und wie man es am besten zusammenstellt. Auch der Beitrag über Krystyna wurde so bearbeitet. Simone Heyder und ich waren aufgeregt, wie die kleine Person mit den drei Zähnen wohl bei den Kollegen und Kolleginnen ankommt. Und natürlich bei unseren Zuschauern und Zuschauerinnen. Ich weiß noch, wie wir am Sendetermin noch einmal darüber geredet haben, dass wir sehr gespannt waren und dass wir, egal wie die Reaktion ausfiele, die Begegnung mit Krystyna sehr außergewöhnlich und beeindruckend gefunden hatten. Wir befürchteten tatsächlich, dass eine Frau, die so wenig unseren normalen Sehgewohnheiten entsprach, womöglich nicht verstanden würde und vielleicht nicht gut ankäme. Denn wir hatten schon oft die Erfahrung gemacht: Kleider machen Leute. Und wir wollten nicht, dass die kleine Pferdeflüsterin nicht verstanden wird.

Aber darüber hätten wir uns keine Sorgen machen müssen. Die Reaktionen überrollten uns geradezu. Wir bekamen Mails und Briefe, Facebook-Kommentare und Youtube-Klicks. Unsere Abteilungsleiterin lobte uns und bekannte, wie sehr sie von Krystyna beeindruckt war. Wir waren fast ein wenig fassungslos, wie gut offenbar auch über den Bildschirm rüberkam, was für ein außergewöhnlicher Mensch Krystyna Laskowski ist.

Wir waren sehr zufrieden, ihr gerecht geworden zu sein. Und damit, dachten wir, sei eine wunderbare Begegnung zu Ende erzählt.

Schlechte Neuigkeiten

Schneeweiße Araber im Schnee

Nach einem Jahr erreichten uns dann beunruhigende Neuigkeiten. Meine Kollegin Simone Heyder hatte den Kontakt zu Krystyna Laskowski regelmäßig gehalten und berichtete von besorgniserregenden Entwicklungen. Ich stattete der Pferdeflüsterin also mit einem Kamerateam einen zweiten Besuch ab. Mein erster Anblick bei der Anfahrt auf den abgelegenen Hof: schneeweiße Stuten im Schnee, die mit dem jungen Hofhund Lilli auf der Weide herumtollten. Aber die ungetrübte Idylle täuschte. Das wusste ich ja bereits.

Krystyna Laskowski war gerade dabei, ihre Hengste zu versorgen, als ich ankam. Wir waren beide dick eingepackt. Vor allem ich. Denn Krystyna schien fast ein wenig immun gegen die klirrende Kälte, die auf ihrem Hof im Schwarzwald im Winter herrschte.

»Was ist passiert, seitdem wir das letzte Mal da waren?«, fragte ich sie gleich.

»Unser Vermieter ist nicht mehr zufrieden. Er will mehr Geld oder die Räumung.«

Es gab im Oktober 2017 bereits ein Gerichtsurteil mit dem endgültigen Räumungsdatum März 2019. Bis dahin wurde ihr Zeit eingeräumt. Anderthalb Jahre. Aber mit ihren ganzen Pferden, ihrem ganzen Hof umzuziehen, dazu noch in der Wintersaison – eine schier unmögliche Aufgabe. Für Pferde sei es nicht gut, im Winter umgestallt zu werden, sagte sie mir noch. Das war eine ihrer Hauptsorgen. Natürlich. Denn die Pferde kamen und kommen immer an erster Stelle bei ihr.

Ich verstand die Sachlage damals nicht. Der Hof, so hatte man mir ausführlich geschildert, war vor Krystynas Einzug in desolatem Zustand, und ihr wurde beim Einzug glaubhaft versprochen, sie müsse nicht mehr von diesem Hof weg. Der Umbau war aufwendig gewesen. Manches, wie das Wohnhaus, war noch immer nicht auf wirklich renoviertem Stand. Krystyna war aber lediglich Untermieterin, weil der Hofbesitzer nicht an sie direkt vermieten wollte. Eine Haltung, die ihr auch nicht unbekannt war, der sie immer wieder im Leben begegnete.

Sie fasste das so zusammen: »Was willst du denn, du Waisenkind? Du kannst nichts, du bist nichts, und du hast nichts.«

Sie hatte im Laufe ihres Lebens bereits mehrere Umzüge mit zum Teil dramatischer Vorgeschichte hinter sich. Trotzdem musste ich die eine Frage stellen, die mir auf der Zunge lag.

»Jetzt werden Sie nächstes Jahr siebzig, das ist ja ein ehrenwertes Alter. Da gibt es doch Ihrerseits auch Abwägungen. Was meinen Sie denn, wie es weitergeht?«

»Ich habe halt gedacht, dass ich bis siebzig auf jeden Fall noch hier machen könnte, vielleicht noch ein, zwei Jahre länger. Je nachdem, bis ich die Pferde und den Betrieb abgeben kann. Vielleicht finde ich auch jemanden, der hier weitermacht, der mehr zahlen kann als ich.«

Das war immer ihr Traum gewesen. Nachfolger finden, die ihre Arbeit angemessen und gut weiterführen, und sich dann langsam zurückziehen. Als graue Eminenz noch eine Weile im Hintergrund mitarbeiten und das einbringen, was sie noch leisten kann.

»Und ihre Pferde bedeuten Ihnen was?«, fragte ich.

»Das ist halt meine Familie. Die habe ich alle großgezogen. Die sind bei mir geboren. Die habe ich alle ausgebildet. Drei davon habe ich vor dem Schlachter gerettet und mit denen meine Zucht aufgebaut.«

Sie weinte. Und mir brach es fast das Herz. Natürlich kreisten in meinem Kopf bereits Gedanken dazu, wie man ihr helfen könnte. Den Konflikt zwischen ihrer Hauptpächterin und dem Hofbesitzer womöglich schlichten. Eine höhere Pacht aushandeln oder sonst eine Lösung finden. Natürlich hoffte ich auch, dass durch unsere Berichterstattung etwas ins Laufen käme. Dass wir zeigen könnten, wie wichtig ihre Arbeit war, um damit ein bisschen öffentliches Interesse zu erzeugen.

Krystyna und ich sprachen weiter über ihre Pferde.

»Ich hatte hier auf dem Hof immer wieder Pferde, die zum Schlachter sollten, dann habe ich die wieder ausgebildet, dass sie wieder reitbar waren und mit den Leuten umgehen konnten, und dann habe ich sie wieder verkauft, weil ich nicht so viele halten konnte. Bloß damit die Pferde nicht zum Schlachter kommen. Und die haben es alle schön erwischt. Die Leute sind zufrieden. Das war halt meine Aufgabe, nebenher hier auf dem Hof. Trotz der Kinder- und Jugendarbeit und dem Therapiereiten.«

»Wie haben Sie mit den Pferden gearbeitet, dass die so lammfromm geworden sind?«

»Sehr menschenbezogen. Deshalb habe ich auch die anderen Pferde eher wieder weggegeben fürs normale Reiten und meine eigenen behalten, weil die als Fohlen von mir großgezogen wurden, zusammen mit anderen Tieren, mit Kindern, mit Behinderten. Dadurch kenne ich halt die Pferde in- und auswendig und weiß genau, wie sie reagieren. Wo sie ein wenig Schwierigkeiten haben. So wie wir auch unsere Macken haben, so haben die Tiere auch ihre Macken. Das ist einfach so. Das sind eben Lebewesen und keine Maschinen, die man an- und ausschaltet. Die sind heute mal so drauf und morgen wieder anders. Wie wir auch. Es muss halt miteinander harmonieren.«

»Aber ihre Pferde haben ja gar keine Macken. Wenn ich daran denke, wenn wir mit der Kamera kommen, jedes andere Pferd scheut. Die Einzige, die gescheut hat, war die Nebraska. Die Nebraska ist nicht mehr da?« Das war eine der schlimmen Neuigkeiten, die wir im Vorfeld erhalten hatten.

»Sie war 36 Jahre alt. Mit der habe ich hier die ganze Zucht aufgebaut, die ist praktisch die Uroma von den ganzen Pferden hier. Ein paar Kinder habe ich auch noch da von ihr. Sie hat zehn Fohlen bekommen. Einen Teil davon habe ich natürlich auch verkauft. Und direkt weitergezüchtet, weil es eine gute Linie gewesen ist. Aber da muss ich halt dazusagen, die Nebraska war ein ganz, ganz schwieriges Pferd. Die habe ich auch zum Schlachtpreis gekauft. Sie war ganz nervig und schwierig. Die habe ich so gut wieder hingekriegt, die wäre woanders wahrscheinlich nie so gewesen. Aber sie hatte eben mit Fremden immer Probleme. Das hat sie einfach nicht vergessen, was sie in jungen Jahren alles erlebt hat.«

Nebraska durfte in Krystynas Armen sterben. Sie hatte damit gewartet, bis ihre Retterin aus dem Krankenhaus, wo sie ein paar Tage sein musste, zurück auf dem Hof war. Dann ging es ganz schnell. Der Tierarzt war sogar schon auf dem Weg, als die liegende Nebraska im Strohbett den letzten Atemzug tat. Krystyna neben ihr, ihren Kopf auf dem Schoß aufgebettet. Ein rührendes Bild.

»Sie sagen, Sie haben sie so hinbekommen. Was haben Sie denn gemacht? Stichwort Pferdeflüsterin.«

»Pferdeflüsterin, weiß ich auch nicht«, sagte sie bescheiden und lächelte dabei, weil sie eben so ist. Dann erzählte sie weiter: »Ich habe halt viel Zeit und viel Geduld investiert. Das war damals wieder mein erstes Pferd, nachdem mir in Herrenzimmern der Hof abgebrannt ist.«

Das ist eine ganz andere schreckliche Geschichte in ihrem Leben, die sie mir später noch ausführlicher erzählen sollte.

»Dadurch hatte ich natürlich viel Zeit. Da war ich krankgeschrieben, weil ich eine gebrochene Schulter hatte. Mir ist ein Balken darauf gefallen, als ich die Pferde aus dem brennenden Stall retten wollte.«

Wieder etwas, das sie einfach so nebenher fallen ließ. Und natürlich schrillten in meinem Kopf sämtliche Alarmglocken. Das hörte sich wirklich dramatisch an, und ich nahm mir vor, sie irgendwann danach zu fragen.

»Ich war damals also beinahe Tag und Nacht um das Pferdchen, um Nebraska rum und habe sie so kennengelernt. Da habe ich ihre Stärken und ihre Schwächen bemerkt, und das habe ich einfach ausgeglichen.«

»Und so machen Sie das bei jedem Pferd?«

»Jedes Pferd hat, wie wir auch, seine guten und schwachen Seiten.«

»Wie vielen Pferden haben Sie denn inzwischen schon ein schönes Leben geschenkt?«

»Eigene Pferde sind es etwa 35. Für andere Leute sind es gut 50. Da habe ich Zuchtstuten gekriegt, die bei mir abgefohlt haben. Die Fohlen habe ich bis zu einem halben Jahr großgezogen. Bis sie aus dem Gröbsten draußen waren. Weil die Besitzer Angst hatten, dass da eventuell etwas passiert.«

»Sie waren und sind eine richtige Fachfrau.«

»In meiner Turnierlaufbahn habe ich schon immer nebenher Zuchtstuten gehabt. Wenn da ein neues Tierchen auf die Welt gekommen ist, das ist fast wie ein Kind. Für das man alles tut in den ersten 24 Stunden, damit nichts fehlt. Dass es auf die Füße kommt. Das geht viel schneller als beim Menschen. Fohlen saufen in den ersten 24 Stunden schon, sie finden die Quelle alleine. Sie stehen innerhalb von zwei, drei Stunden und wackeln umeinander. Wenn man das dann jeden Tag sieht, wie die sich entwickeln und dann rausgehen ins Freie – das ist unglaublich. Für mich war es immer ein Glück. Und jedes Tier ist da wieder anders.«

So liefen ganz viele unserer Gespräche ab. Krystyna streute immer wieder mit einer Selbstverständlichkeit Ereignisse aus ihrer Vergangenheit ein, die mich schockierten. So auch die Geschichte mit dem Feuer. Das war Brandstiftung gewesen. Sie war bei der Arbeit, als es losging, kam gerade dazu, als die Feuerwehr versuchte, den Brand einzudämmen. Alle ihre Pferde waren im Stall. Aus Sicherheitsgründen sollte sie nicht hineingehen. Aber ich stelle mir vor, wie ihre Tiere vor Angst und Panik geschrien haben. Wie sie das nicht ertragen konnte und einfach an der Feuerwehr vorbei hineingegangen ist. Sie wollte sie alle raustreiben. Aber nur ein Pferd konnte sie retten. Mit schlimmen Brandverletzungen. Zu 50 Prozent verbrannt, der Tierarzt machte ihr keine Hoffnung. Vier Wochen lang war Krystyna bei ihrem Wallach, Tag und Nacht. Sie brachte ihn durch, und er sollte nicht alleine sein. Und so kam eben Nebraska zu ihr. Als Beistellpferd zu dem überlebenden Amigo.

Mit dem Wissen um diesen großen Verlust war die Vorstellung für mich umso schlimmer, dass sie wieder einmal alles verlieren sollte. Ich konnte es kaum glauben,

Krystynas Pferde sind wie ihre Familie

dass es den Hof mit allem, was er bot, nicht mehr geben sollte. Nichts davon hatte sie bisher gebrochen, aber ich fragte mich wirklich, was sein würde, wenn sie womöglich ihre Pferde und ihren Hof verlieren würde.

Wir holten zusammen getrocknetes Brot für ihre Stuten, und ich ging mit ihr mit über den tief verschneiten Hof.

»Ist das nicht manchmal unglaublich beschwerlich?«

»Das ist es, aber was macht man nicht alles, wenn man eine Freude hat. Jedes Hobby ist eine Anstrengung.«

»Aber das ist ja nicht ihr Hobby. Das ist ihr Leben, ihre Leidenschaft.«

»Leidenschaft, Hobby und Leben. Alles in einem.«

»Wie danken es Ihnen die Pferde?«, fragte ich.

»Indem sie zu mir halten. Die haben mich noch nie umgerannt, obwohl ich nicht schnell bin. Obwohl ich manchmal schon in kritischen Situationen gewesen bin. Die passen auf mich auf, so wie ich auf sie aufpasse.«

»Die passen auf Sie auf?«

»Wenn sie schon mal erschrocken sind. Dann stehen drei, vier da und erschrecken, weil eine Lawine runterkommt oder der Hund rumrennt. Dann verkreuzen sie sich lieber die Beine und fallen hin, als dass sie mich umrennen. Obwohl ich direkt vor ihnen stehe. So habe ich das schon oft erlebt.«

»Das heißt, wie behandeln Sie die Pferde? Als Familienmitglied, oder wie kann man das sehen?«

»Ich würde sagen, als Familienmitglied. So wie ich ein Lebewesen bin und empfinde, so empfindet das auch ein Tier. So bringe ich das auch meinen Kindern, Helfern und Behinderten bei. Wenn man so mit ihnen umgeht, hat man einen guten Freund, auf den man sich verlassen kann.«

»Sie haben ja eine Ausbildung in Marbach gemacht.«

»Pferdezucht und Reiterei. Das konnte man damals noch kombinieren, heute sind das separate Zweige.«

»Und dann noch Zusatzausbildungen, um die Therapie machen zu können.«

»Das therapeutische Reiten kann man nur machen, wenn man eine fertige Ausbildung hat. Als Zusatzausbildung.«

»Und wer kommt zu Ihnen zur Therapie?«

»Die MS-Kranken kennen Sie ja schon. Dann kommen ein paar Menschen mit Querschnittslähmung. Ich hab sehr viele mehrfach behinderte Kinder und Erwachsene. Mehrere Behindertenkindergärten, eine Förderschule und Privatleute.«

»Und wann schlafen Sie?«

Sie lachte über meine Frage, zeigte sich aber auch ein wenig ertappt.

»In der Nacht so zwischen elf und vier«, lautete dann ihre Antwort, die mich schon wieder baff machte. Fünf Stunden Schlaf. Wer konnte das auf Dauer aushalten und so viel körperlich arbeiten, fragte ich mich.

Kinder lieben Krystyna und Neddor

»Unglaublich. Woher kommt die Energie?«

»Ich bin als Kind hart aufgewachsen, ich hab gewusst, was Arbeiten heißt, ich musste viel arbeiten. Ich sag immer, so hart das Kinderheim war, ich habe Genügsamkeit gelernt, ich habe arbeiten gelernt und das Miteinander. Nicht alles für mich behalten, sondern alles teilen. Und das ist das, was mich immer durchs Leben geführt hat. Damit bin ich weit gekommen. Deshalb gehe ich davon auch nicht ab.«

»So viele Schicksalsschläge, das geht eigentlich gar nicht auf eine Menschenhaut, wie haben Sie das alles geschafft? Durch diesen Leitsatz?«

»Immer wieder ist ein Türchen aufgegangen. Und ich sag immer, wenn man zu den Menschen gut ist, irgendwann kommt das auch wieder zurück. Wenn Leute zu mir sagen, du bist zu billig und warum machst du das umsonst? Dann sag ich, das ist jemand, der auch nicht viel Geld hat, irgendwann kommt mir das zugute, im Moment kann ich es und solange ich es kann, mache ich es auch. Wenn mir das auch manchmal schon zum Verhängnis wurde. Aber ich bin trotzdem glücklich über das, was ich erreicht habe und was ich weitergeben konnte.«

Dann schob sich Neddor, das beste Therapiepferd, zwischen uns. Die Audienz war nach Ansicht der Pferde beendet. Und es war ja auch alles gesagt. Was hätte man darauf auch noch sagen wollen?

Wie kann ich helfen?

Weil ich Krystyna Laskoswki irgendwie helfen wollte, hatte ich meine Kontakte als Vorstand der Deutschen Kinderkrebsnachsorge genutzt und Arnold Seng, den Leiter des Therapiestalls der Nachsorgeklinik in Tannheim, auf den Hof geholt. Mein Gedanke war, dass sich daraus etwas für die Zukunft ergeben könnte.

Wir liefen zusammen zur verschneiten Koppel hinaus. Krystyna zeigte Arnold Seng ihre Pferde und nannte jeden Namen dazu. Pferdeleute wissen das zu schätzen, alle anderen finden das vielleicht etwas komisch. Zumal alle fünf auf dieser Koppel weiß

Zufrieden im Stall schlafend

waren und damit nicht gerade leicht auseinanderzuhalten. Sie erzählte, wie weit die Pferde in der Ausbildung zum Therapiepferd waren und was mit ihnen möglich war.

Als Vermittlerin lenkte ich das Gespräch in die richtige Richtung: »Also, alle bestens ausgebildet. Arnold Seng hätte vielleicht Interesse. Das wäre eine Möglichkeit, um ein Pferd unterzubringen. Das liegt jetzt an euch.«

Arnold Seng hatte bisher aufmerksam zugehört und erklärte nun Krystyna, wie er arbeitete: »Wir sind ja eine Klinik für chronisch kranke Kinder und Familien. Die kommen zu uns. Ich bin Reitpädagoge, zwei Hippotherapeutinnen haben wir, eine Reitsportlehrerin haben wir noch, und wir bieten praktisch für alle was an. Wir bieten die Reittherapie praktisch für die Patientenkinder, für die Geschwisterkinder und auch für die Eltern an. Ich brauche also auch ein bisschen einen Gewichtsträger, der die Eltern auch packt. Und die sollten auch reiterlich ein bisschen was können, wir haben Eltern, die schon reiten können. Und eigentlich brauche ich ein Pferd, das alles ein wenig beherrscht.«

Krystyna hatte darauf natürlich sofort eine Antwort: »Bei mir ist es so, meine Pferde machen alles. Die springen ein wenig, die gehen in der Dressur, die gehen viel im Gelände, die gehen an der Doppellonge, auch Kinder können sie longieren. Die werden sehr vielseitig ausgebildet. Immer. Grundsätzlich.«

»Das wäre ja super. Wir haben jetzt sieben Stück in der Klinik, zwei gehen nächstes Jahr in Rente, da haben wir einen schönen Platz gekriegt in Mecklenburg-Vorpommern. Und für die suche ich halt einen Ersatz.«

»Und was haben Sie für Rassen?«, fragte Krystyna, die Pferdefachfrau, nach, während ich schmunzelnd daneben stand und mich freute, wie gut die beiden sich verstanden.

»Wir haben alles querbeet. Einen Spanier, ein Connemara, ein Islandpferd, ein Welsh Cob.«

»Aber Araber noch nie?«, fragte Krystyna.

»Nein, Araber haben wir nicht. Ich habe eine Kollegin, die auch schon Araber hatte. In meinem früheren Betrieb hatten wir auch einen Araber.«

»Die Araber sind ein bisschen anders. In meinem alten Stall, der abgebrannt ist, da hatte ich Warmblüter. Deutsches Reitpferd, Trakehner eingekreuzt, da habe ich auch schon Therapiereiten gemacht. MS-kranke Leute schon gehabt. Meine Pferde waren alle größer und Gewichtsträger, und dann hatte ich damals den Unfall und saß im Rollstuhl, da konnte ich die großen Pferde nicht mehr selber satteln, unter anderem deshalb bin ich umgestiegen auf Araber. Als ich das frisch angefangen habe mit den Arabern, da wurde mir gleich gesagt, mit Arabern könnte man kein Kinder- und Therapiereiten machen. Da habe ich nur gesagt: Das sehen wir mal. Ich habe sie ja doch so weit gebracht, und ich muss sagen, ich habe viele, viele Pferde ausgebildet als Therapiepferde, alle mögliche Rassen, aber die Araber waren diejenigen, die am schnellsten kapiert haben. Natürlich sind sie auch sehr sensibel, reagieren auf alles, und gerade beim Therapiereiten, vor allem bei der Hippotherapie, da machen die so mit, gehen so gleichmäßig. Und wenn die merken, dass jemand rutscht, halten die nicht wie die anderen Pferde ruckartig an, dass der Reiter erst recht einen Stoß kriegt. Sondern die balancieren das aus. Die sind so gefühlig, auch mit den Kindern und bei den Erwachsenen, wenn sie behindert sind. Trotzdem kann man wieder einen anderen Reiter drauf setzen, der ein bisschen Gas geben will und im Gelände reiten will.«

Arnold Seng war begeistert von Krystyna Laskowskis Erzählungen. Und natürlich zeigte sie ihm stolz den ganzen Hof. Ihre Hengste, die so brav waren. Die beiden Ponys. Flecky, ihr kleinster »Mitarbeiter«, den sie damals schon seit zwanzig Jahren

Auf verschneiter Koppel

hatte und der für die kleinen Kinder da war. Jocky, auch vor dem Schlachter gerettet, der ein bisschen größer war und auch im Kinderreiten zum Einsatz kam. Vor allem für Kinder mit Behinderung, die Schwierigkeiten mit der Höhe hatten, war es wichtig, sich Stück für Stück heranzutasten. Zuerst Flecky, dann Jocky und dann weiter mit den Arabern.

Arnold Seng und Krystyna Laskowski fachsimpelten und waren sich wunderbar einig in ihrer therapeutischen Herangehensweise.

Wir landeten zusammen im Reiterstübchen, wo immer die ganzen Besucher des Hofes zusammenkamen. Arnold Seng hatte Bilder aus Tannheim mitgebracht, die er ihr zeigte. Damit sie einen Eindruck gewinnen konnte, wie dort gearbeitet wurde. Gepasst hätte es inhaltlich. Aber am liebsten wollte Krystyna eben ihre Pferde alle behalten und gemeinsam mit ihnen eine Lösung finden. Sie hoffte zu diesem Zeitpunkt immer noch auf eine Einigung mit dem Besitzer.

Krystyna hat eine ganz besondere Beziehung zu Pferden

Aus diesem Grund hatte ich ein paar Leute aus der Gegend zusammengetrommelt. Wir wollten gemeinsam beratschlagen, wie wir ihr helfen könnten. Krystyna Laskowski war ja nur Untermieterin. Je mehr ich über die Situation erfuhr, desto verworrener wurde das Ganze. Die Situation zwischen der Hauptpächterin und dem Hofbesitzer füllte ganze Ordner an Gerichtsunterlagen. Alles war vollkommen verfahren und keine einfache Lösung in Sicht.

Trotzdem bot sich Emil Moosmann, der uns Fernsehleute überhaupt nach Fluorn-Winzeln und zu Krystyna gebracht hatte, an, mit dem Hofbesitzer persönlich zu sprechen und zu vermitteln, obwohl er bis dato Krystyna Laskowski nur sehr oberflächlich kannte. Über eine Bekannte hatte er bereits gehört, wie der Hofbesitzer zu der Sachlage stand.

»Er hat gesagt, er hat nichts gegen die Krystyna Laskowski, sondern gegen die Pächterin, mit der er schon lange Schwierigkeiten hat. Das ist ihm zu viel, das will er nicht mehr. Er hat halt Bedenken, falls Krystyna Laskowski pflegebedürftig wird, wie es dann weitergeht. Da hat er Angst.«

Ich fragte nach: »Und dann lieber leer stehen lassen? Die Frau Laskowski ist doch gesund. Sie macht sicher keinen Hundert-Meter-Lauf mehr, aber sie schafft hier alles. Er könnte den Hof doch an sie weiterverpachten, bis es nicht mehr geht oder sie jemanden hat oder sie zumindest ihre Pferde versorgt wüsste.«

»Er hat halt auf gut schwäbisch ›die Schnauze voll‹. Ich kann probieren, mit ihm zu reden. Ich kenn ihn ja von Kindesbeinen an.«

Eine kleine Hoffnung blieb nach dieser Aussage. Das ließe sich doch sicherlich alles mit gutem Willen und Vernunft regeln, dachte ich. Aber auch ich hatte schlimmste Befürchtungen. Wie so einige aus Krystynas Umfeld und ihrem Unterstützerkreis. Uns wurde klar, dass man sich auf das Schlimmste einstellen müsste. Die Räumung. Aber gleichzeitig konnte und

Flecky macht Kinder glücklich

wollte das niemand glauben. Auch wenn ich auf die Macht des Fernsehens setzte und hoffte, durch den öffentlichen Druck etwas erreichen zu können. Je mehr Leute davon wussten, welche wertvolle Arbeit Krystyna Laskowski leistete, desto eher ergäbe sich die Wahrscheinlichkeit, dass sich eine Einigung erreichen ließe. So dachte ich zumindest. Sehr lange sogar, und ich sollte nicht Recht behalten.

Krystyna Laskowskis Einsatz und herzensgute Art hatte den Effekt, dass es um sie herum ein Unterstützernetzwerk gab, das auf dem Hof mitarbeitete. Und auf Krystyna Laskowski – wie ihre Pferde – aufpasste. Peu à peu lernte ich all diese Menschen kennen und schätzen. Eine davon war Beate Haberstroh. Sie kannte Krystyna schon von früher. Beim Misten kamen wir miteinander ins Gespräch. Wir hatten beide eine Mistgabel in der Hand, zwischen uns stand der Schubkarren mit dem Mist.

»Sie kennen Krystyna Laskowski schon ganz lange?«

»Vom Hof in Herrenzimmern. Seit dreißig Jahren, kann man sagen. Damals bin ich mit meiner Schwester zum Reiten gegangen. Das war damals schon eine schöne Zeit. Hierher bin ich wieder gekommen durch meine Tochter. Die wollte unbedingt reiten lernen. Vor vier Jahren sind wir hier gelandet, da bin ich Krystyna wiederbegegnet. So sind wir wieder zusammengekommen.«

»Was war das für ein Gefühl, sie wiederzusehen?«

»Ganz toll. Ich hab sie nie vergessen können. Weil sie immer eine sehr charismatische Frau war. Bei ihr war es immer toll. Es hat Spaß gemacht, und so ist es auch jetzt wieder. Das ist für mich ein Ausgleich zu meinem normalen Berufsleben. Ich fühl mich hier pudelwohl.«

»Was könnten Sie sich vorstellen, wie es weitergehen könnte?«

»Ich hoffe, dass es, so wie es jetzt ist, weitergeht. Dass sie bleiben kann. Dass die Kinder und Erwachsenen weiterhin hier ihre Anlaufstelle haben.«

»Was könnte man dafür tun?«

»An die Öffentlichkeit gehen. Es wissen viele Leute gar nicht, was Krystyna hier im Stillen leistet.«

Da sprach sie mir aus dem Herzen. Und meine Kollegin und ich taten ja alles dafür, das zu ändern.

Ich traf noch Marina Buckenberger, auch eine enge Vertraute von Krystyna Laskowski, und befragte sie natürlich auch:

»Was bedeutet dieser Hof für Sie? Was bedeutet die Frau Laskowski für Sie?«

»Ganz viel. Ich muss sagen, ursprünglich war einfach die Reiterei im Vordergrund. Inzwischen, klar komme ich auch noch zum Reiten, aber ich denke, hier sind wir inzwischen so eine Gemeinschaft. Wir helfen alle zusammen. Das ist eigentlich wie eine Familie. Jeder macht das, was er kann. Ich gehe oft mit den Hunden laufen, schaue im Sommer immer, dass es grünt und blüht auf dem Hof. Es freut einen einfach, wenn die Kinder kommen und schon mit strahlenden Augen aus dem Auto aussteigen. Wenn die MS-Patienten kommen und einfach mal für einen Vormittag ihre Sorgen vergessen können, die Spastik sich lockert und es ihnen danach wieder für ein paar Tage vom gesundheitlichen Befinden her besser geht.

Beate Haberstroh vom Unterstützernetzwerk

Oder die ganzen Behinderten, die introvertiert sind, die schwer zugänglich sind, wenn die dann auf dem Pferd sitzen und strahlen, da freut man sich einfach.«

»Sie und Ihr Mann gehören zum Unterstützerkreis, warum machen Sie das?«

»Krystyna Laskowski kann doch am allerwenigsten etwas dafür, wenn es Querelen gibt zwischen Pächterin und Besitzer. Es kann doch nicht sein, dass sie unter die Räder kommt, bloß weil da mal wieder Geld eine Rolle spielt. Der Besitzer müsste eigentlich stolz sein, dass hier so tolle soziale Arbeit geleistet wird. Also ich wäre stolz, wenn ich der Besitzer von so einem Hof wäre. Ich kann nur appellieren, er soll in sein Herz hineinhorchen.«

Emil Moosmann, der uns überhaupt erst auf den Hof gebracht hatte, berichtete, wie die Leute in Fluorn-Winzeln dachten:

»Das ganze Unternehmen hier draußen und auch Krystyna Laskowski, wie sie das Ganze leistet, wird von den Leuten bewundert. Leute, die nichts damit zu tun haben, sagen ›Hut ab‹.«

Das klang doch alles so, als ob eine Lösung zum Greifen nahe sein müsste. Ich war mir so sicher, dass alles gut werden würde.

Kinder, Tiere und Krystyna

Ein halbes Jahr später war ich wieder da, der Schnee lag immer noch. Wir waren inzwischen per Du – Krystyna und ich. Sie lag mir von Anfang an am Herzen, die kleine Pferdeflüsterin. Wie konnte jemand so viele Schicksalsschläge wie sie überstehen und trotzdem so viel Wärme und Freude ausstrahlen?

Gemeinsam gingen wir auf die immer noch verschneite Koppel hinaus. Die Sonne schien, es war prächtiges Wetter. Am Zaun stehend, bei ihren Pferden, unterhielten wir uns.

Winter auf dem Staffelbachhof

»Wie ist das mit deinen Hengsten? Da standen gerade drei Stück nebeneinander, in Warteposition: Wir gehen jetzt raus auf unsere Koppel, schienen sie zu sagen. Jeder normale Mensch, Pferdezüchter, Reitexperte sagt, das geht gar nicht, dass Hengste so friedlich nebeneinander stehen. Wie hast du das hingekriegt?«

»Durch Training, unterm Sattel, an der Hand. Sie wissen, ich bin maßgeblich. Wenn ich neben ihnen stehe, bin ich der Chef und nicht sie. Das Dominanzverhältnis zwischen Mensch und Pferd, vor allen Dingen beim Hengst, das ist ganz, ganz wichtig.«

»Und wie hast du das hingekriegt?«, fragte ich noch einmal, weil ich keine Vorstellung davon hatte, wie ein kleines Persönchen wie sie Dominanz über einen Hengst ausüben konnte.

»Indem ich sehr gerecht mit ihnen umgehe. Konsequent. Ihnen ihren Freilauf lasse, bis zu einem gewissen Grad. Aber: Ich passe auf dich auf, und du passt auf mich auf. Das ist ein Geben und Nehmen. Ich habe schon immer ein bisschen mit Tieren zu tun gehabt. Wir haben ja auf der Landwirtschaft arbeiten müssen im Kinderheim. Ich habe jedes Stückchen Brot aufgehoben, bin in den Pferdestall und hab den Pferden das gegeben.«

Dazu muss man wissen, dass Krystyna als Kind mangelernährt war. Die Verpflegung im Kinderheim war sehr kärglich, die Arbeit hingegen sehr schwer. Dass sie heute körperlich so gezeichnet ist, liegt auch daran, wie ich im Laufe unseres Kennenlernens und der Recherchen erfahren habe. Die Schäden, die während des Wachstums entstanden sind, ließen sich später nicht wieder gutmachen. Deshalb hatte sie auch solche schlimmen Verletzungen, dass sie im Rollstuhl gelandet ist. Aber auch da sollte ich die ganze Geschichte noch erfahren.

»Wie hast du gemerkt, wie du sein musst, wie du mit den Pferden umgehen musst?«

Krystyna arbeitet unermüdlich

Ihre Pferde suchen immer Krystynas Nähe

»Das ist eine Gabe, da kann ich mir gar nichts darauf einbilden. Das ist eine Gottesgabe, die ich einfach habe, und die habe ich dann einfach ausgenützt. Das hat sich so entwickelt. Es gibt Menschen, die haben sie, und es gibt Menschen, die haben sie nicht. Das ist beim Reiten auch so. Einer kann das Reiten lernen und ist ewig in Reitstunden, kriegt das Gefühl doch nicht so raus. Und dann gibt es junge Leute, die kommen zu mir, haben ein bisschen das Gefühl für die Tiere, sind selber sehr gefühlvoll, und die haben vielleicht zwanzig Stunden und können dann einigermaßen reiten.«

»Würdest du dich selbst als Pferdeflüsterin betiteln?« Ich hatte sie ja bereits einmal so angesprochen, und sie hatte den Titel ganz bescheiden zur Seite geschoben.

»Ich weiß nicht, ob ich das darf und kann. Aber ich muss sagen, egal wo ich hinkomme und zu welchen Pferden ich gehe, das sagen die Leute auch immer. ›Jetzt hast du das Pferdle das erste Mal gesehen, und es steht neben dir, wie wenn ihr schon zehn Jahre beieinander seid‹ – obwohl ich noch gar nicht viel gemacht habe. Da hab ich schon irgendwie einen Draht, über den ich mich auch schon gewundert habe. Wenn die Leute einem Storys erzählt haben, wie das Pferd ist, und dann war das gar nicht so wild. Die sagen dann immer, das gibt es nicht. Ich lasse den Pferden ihren Charakter, wie sie sind. Wie bei den Menschen auch. Schaue nach Schwächen und Stärken. Die Schwächen ignoriere ich und überbaue mit den Stärken.«

»Wann hast du angefangen, selber Pferde zu züchten?«

»Mit 21 oder 22 war das. Da hab ich bei der Meisterschaft in Stuttgart ein Pony gewonnen. Bei den Juniorenmeisterschaften, in Turnen und Leichtathletik. Dort hab ich den ersten Preis gemacht, und das war ein Pony. Das habe ich dann großgezogen, ausgebildet und mit diesem Pony angefangen zu züchten. Die Fohlen habe ich nach der Ausbildung an Kinderheime weiterverkauft.

Die Prägephase ist bei Pferden ganz arg wichtig. Und auch bei Kindern. In jungen Jahren, wenn da Schlechtes ist oder Gutes, das formt. Das vergessen die nie. Da braucht man viel Zeit und Geduld. Und dann haben sie bestimmte Leute, zu denen sie Vertrauen haben, aber wenn etwas ist, kommt immer wieder das Alte hoch, und sie kriegen immer wieder Angst. So wie bei Nebraska. Sie hat bis zum Schluss mit Männern ein kleines bisschen Malheur gehabt. Was die anderen gar nie haben, weil sie bei mir groß wurden, mit Kindern, mit Behinderten, mit Menschen immer gleich zusammengekommen sind.«

Krystynas Araber sind die Kälte gewohnt

»Du sagst, bei den Tieren und bei den Menschen. Was ein Tierle in seiner frühen Kindheit erlebt hat, vergisst es nicht, und das kommt immer wieder hoch. Du hattest ja auch keine leichte Kindheit. Ist das bei dir ähnlich, oder hast du das verschafft?«

»Nein, ganz verschafft hab ich es nicht. Aber ich kann drüberstehen. Es kommt immer wieder hoch, gerade, wenn man darüber spricht. Aber ansonsten unterdrücke ich es wahrscheinlich auch durch die Arbeit und durch die viele Freude, die ich habe, und schiebe es weg.«

»Wir wollen das ja nicht wieder hochkochen, um Himmels willen. Aber so ein bisschen wollen wir halt schon wissen, wie das war. Weil dein Leben so besonders ist. Weil du so viel selbst geschafft und geschaffen hast, obwohl du eigentlich von Anfang an gar nicht gewollt warst.«

»Das stimmt. Aber es ist so gewesen: Das Kinderheim war eine harte Zeit, aber ich hab auch viel gelernt. Aus dem hab ich eben das Beste gemacht. Das ist auch jetzt noch mein Lebensmotto, dass ich aus dem, was ich habe, das Beste mache. Dann geht's mir immer gut, dann bin ich zufrieden.«

»Und der Plan war ja, eventuell in einen Hof einheiraten. Über einen Mann haben wir noch gar nie miteinander gesprochen. Hat es denn überhaupt mal einen gegeben?«

»Ich hatte mal in jungen Jahren einen Freund, das war allerdings ein Pfarrsohn, und der Pfarrer war damit nicht einig, dass er mit mir gegangen ist. Und der ist dann

Pferdeidylle im Schwarzwald

auch tödlich verunglückt. Das war der erste Mann, zu dem ich ein bisschen Zutrauen hatte. Ich muss sagen, ich habe im Kinderheim sehr schlechte Erfahrungen mit Männern gemacht, und dann war das immer für mich ein bisschen … Ich hab Angst gehabt vor Männern. Das war in jungen Jahren sehr stark bei mir. Da habe ich mich immer etwas distanziert. Als er dann gestorben ist, bin ich bei meinen Pferden geblieben. Kinder hatte ich ja eh immer um mich rum. Damit kann ich auch leben, hab ich mir gesagt.«

»Schlechte Erfahrungen heißt ganz klar, du bist missbraucht worden.«

»Ja.«

»Das sind Erinnerungen, du wirst damit fertig über deine Pferde?«

»Ja.«

»Was geben dir die Pferde? Sie sind deine Familie …«

»Weiß jetzt nicht, wie ich das sagen soll …«

»Halt?«

»Das auf jeden Fall.«

»Liebe?«

Zwei zufriedene Pferde im Schnee

»Ja, und Kraft. Eine Daseinsberechtigung.«

»Du bist ein unglaublicher Mensch. Hat dir das schon mal jemand gesagt?« Ich ging zu ihr hin und nahm sie in den Arm. Das ist meine Natur, und bei meiner kleinen Pferdeflüsterin konnte ich mich nicht zurückhalten. Krystyna lächelte nur.

»Ich habe so großen Respekt vor dir. Nicht bloß vor deiner Arbeit, wie vielen Menschen du Freude schenkst«, sagte ich ihr. Und ich meinte jedes Wort.

»Das hält mich auch noch aufrecht. Wenn ich merke, dass ich vielen Kindern, vielen Familien durch die Tiere helfen kann. Bei denen es vielleicht kritisch war, dass sie wieder zusammenkommen. Wieder Harmonie haben. Dafür kämpfe ich und will auch weitermachen.«

Dann klingelte wieder Krystynas Handy. Wie so häufig. Ich machte einen Scherz, dass bei ihr mehr los sei als bei mir. Und das will was heißen. Recht kurz klärte sie den Sachverhalt und schob das olle, abgeschabte Ding wieder in ihre Vliesjacke.

Krystyna ging für meinen Kameramann zu ihrer kleinen weißen Herde rein, damit er sie mit den Pferden in der schönen schneebedeckten Landschaft aufnehmen konnte. Er hatte die Rechnung aber nicht mit Krystynas Pferden gemacht. Sie umringten ihre Chefin und drängten ihn ab. Und das ging nicht nur ihm so. Ich hatte immer wieder andere Kameraleute dabei, auch eine Kamerafrau, und alle berichteten das Gleiche. Es war subtil und auch mal weniger subtil, aber das Ergebnis war stets dasselbe. Pferde schoben sich vor die Kameraoptik, ein Herankommen an Krystyna musste mühselig erarbeitet werden. Sie hatte einfach recht. Ihre Pferde passten auf sie auf.

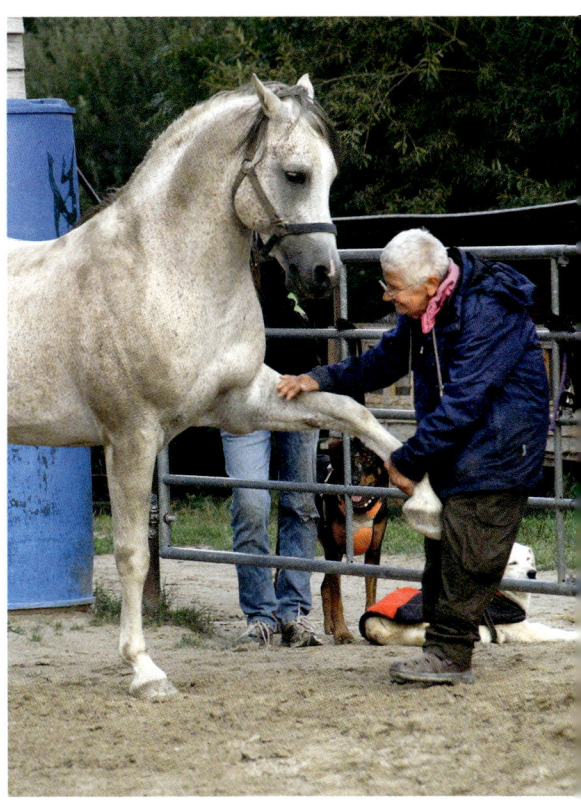

Krystyna trainiert mit Narim

Wir gingen alle wieder gemeinsam zum Hof zurück. Ein bisschen durchgefroren und rotwangig. Mir und meinem Team wäre es nach einer Aufwärmpause gewesen, aber bei Krystyna ging es gleich weiter. Eine ihrer vielen Kinderreitstunden stand auf dem Plan. Da wollten wir natürlich auch dabei sein. Eines war inzwischen klar: Für Kinder war Krystyna zu vielem bereit. Denn neben Tieren liebte sie Kinder über alles. Sie wusste einfach, was kleine Menschen groß macht. Und die fühlten sich bei ihr unglaublich wohl.

»Es ist einfach schön hier. Wir reiten sehr viel aus, weil wir eine tolle Umgebung hier haben. Es ist einfach toll, so eng mit den Pferden zusammenzuarbeiten. Und wir können auch mit den Hengsten was machen, was man auf anderen Höfen gar nicht machen kann«, erzählte Adrienne Haberstroh mir beim Pferdestriegeln.

»Aber so ein Hengst ist doch ganz temperamentvoll. Ist das nicht gefährlich?«, fragte ich nach.

»Schon, manchmal. Aber sie sind sehr gut erzogen von Krystyna. Sie ist sehr einfühlsam und kann sehr gut das Reiten beibringen. Und kennt ihre Pferde auch sehr gut und weiß, wann sie zickiger sind und wann sie brav sind.«

Krystyna erklärte mir das so:

»Ich bin sehr dahinter her, dass die Kinder so viel wie möglich alleine machen. Dass die das beizeiten lernen, und hauptsächlich lernen sie es in einem Reitkurs, wenn sie eine Woche jeden Tag da sind. Da kriegen sie rund ums Pferd alles mit. Dass sie gleich von Anfang an wissen, dass das ein Lebewesen ist, das man versorgen muss und nicht nur drauf sitzen und Gas geben. Meine Pferde nehmen den Kopf runter beim Putzen und Zäumen, damit die Kinder das auch hinbekommen. Die Kinder sollen ein Erfolgserlebnis haben, dass sie selber das Pferd richten können. Auch bei der Reittherapie.«

»Deine Pferde reagieren auf Zeichen, wie funktioniert das?«

»Das ist die eigene Körpersprache. Wenn man bestimmt da steht, aufrecht, dann stehen die neben einem. Wenn man sich ein bisschen nach vorne beugt und losgeht, dann laufen sie mit. Das mach ich sehr viel mit den behinderten Kindern, dass sie die Körpersprache und die Bodenarbeit mit dem Pferd lernen. Dass sie dann sagen: Das Pferd ist mir alleine gefolgt, ohne Seil, ohne Strickle und alles. Da sind die dann stolz, erzählen das daheim und lassen Bilder mit dem Handy machen.«

Kinder lernen bei Krystyna vertrauensvoll den Umgang mit Pferden

Haupt- und Landgestüt Marbach

Ich überredete Krystyna zu einem Ausflug. Ins Haupt- und Landgestüt Marbach, wo sie in den Siebzigern ihren Reitwart gemacht hatte. Mein Vorschlag stieß zuerst nicht auf reine Begeisterung. Krystyna verließ ihren Hof und damit ihre Pferde nur ungern, wie ich im Laufe der Zeit noch lernen sollte. Sie organisierte dann immer aus ihrem Unterstützerkreis Leute, die ihre Arbeit übernahmen und vor allem vor Ort blieben und aufpassten. Nach der Vorgeschichte mit der Brandstiftung konnte ich das verstehen, dass sie da immer Bedenken hatte.

Aber der Ausflug war vereinbart, wir waren in Marbach angemeldet, und Krystyna stand morgens abfahrbereit auf dem Hof. Mit einiger Verspätung, aber sie war willig mitzugehen. Haare gemacht, neue Jacke, geschniegelt und gestriegelt – so hatte ich Krystyna bisher noch nicht gesehen. Aber so wurden ihre Prioritäten klar: Für die Fernsehleute brauchte man sich nicht schick zu machen oder herzurichten, aber für die Landoberstallmeisterin in Marbach schon. Ich musste in mich reinschmunzeln.

Wir fuhren also mit dem SWR-Bus los. Mein Kameramann machte noch ein paar wunderschöne Landschaftsaufnahmen mit einer Drohne und unserem fahrenden Fahrzeug.

Von Fluorn-Winzeln fuhr man eine Stunde und 45 Minuten. Eine weite Fahrt, die sich aber für mich schon gelohnt hatte, sobald wir aus dem Auto stiegen. Krystyna strahlte, als wir im Hof des Haupt- und Landgestütes standen und auf die Landoberstallmeisterin warteten. Die ersten Reiter und Reiterinnen ritten mit ihren edlen Pferden vorbei, und Krystyna beobachtete alles aufmerksam und, wie mir schien, jetzt doch mit Vorfreude.

Gestütsleiterin Dr. Astrid von Velsen-Zerweck kam aus dem Gebäude, in dem die Gestütsverwaltung sitzt, und begrüßte uns gleich am Tor. Wir beide kannten uns, aber Krystyna war ihr unbekannt. Meine Kollegin hatte das im Vorfeld telefonisch abgefragt. Dr. Astrid von Velsen-Zerweck hatte auch vorher noch nichts von Krystyna gehört. Aber ich vermutete, dass sie sich bei ihrem Vorgänger Dr. Gebhardt kundig gemacht hatte.

»Herzlich willkommen in Marbach«, sagte sie, und Krystyna lächelte selig. Ein wenig schüchtern erwiderte sie den Handschlag.

»Ich habe Ihnen jemanden mitgebracht. Sie hat hier ihre Ausbildung genossen, hat hier sehr viel über Pferde gelernt und hat ihr Leben praktisch den Pferden verschrieben«, sagte ich erläuternd.

»Das finde ich toll, dass Sie zurückkehren nach Marbach.« Die Gestütsleiterin ist wirklich eine sehr freundliche, aufgeschlossene Frau, die viel Herzlichkeit ausstrahlt. Eigenschaften, die bei Krystyna natürlich sehr gut ankamen.

Krystyna verneigte sich leicht. Tatsächlich.

»Das war früher meine Heimat vor vielen Jahren. Meine zweite Heimat.« Ihre Stimme brach. Sie war gerührt und den Tränen nahe.

Ich übernahm. Denn Reden ist ja das, was ich sehr gut kann ;-)

»Wir sind also ein bisschen auf Spurensuche. Und das eine oder andere greift sie vielleicht auch ein bisschen an, weil es einfach sehr emotional ist.«

»Das kann ich verstehen«, sagte die Landoberstallmeisterin.

Dann gingen wir gemeinsam los.

Mit jedem Schritt wurde Krystyna größer und strahlte eine Freude aus, die ich so gar nicht erwartet hätte. Nicht, nachdem sie auf meinen Vorschlag so zögerlich, fast widerwillig reagiert hatte. Es stimmte also wirklich: Marbach war einmal Heimat für Krystyna gewesen. Hier hatte ihre Liebe zu den Araberpferden begonnen.

Astrid von Velsen-Zerweck und ich liefen bewusst langsam, um uns Krystynas Schritten anzupassen, aber die kleine Person schritt so schnell aus, dass wir schon bald Gas geben mussten, um mitzuhalten. Und währenddessen erzählte sie angeregt.

»Ich habe schon gehört, dass Sie jetzt Landstallmeisterin sind. Zu meiner Zeit hier waren Dr. Wenzler und Dr. Cranz. Und als ich dann schon nicht mehr so häufig hier war, ist gerade Dr. Gebhardt gekommen.«

»Und Sie sind durch Marbach auf die Vollblutaraber gekommen?«, fragte Astrid von Velsen-Zerweck.

»Ja, aber ich habe erst sehr viel später gezüchtet. Als ich durch einen Brand meine Trakehner und Württemberger verloren habe. Ich war dann lange im Rollstuhl und traute mich an die großen Pferde nicht mehr so richtig ran. War aber schon immer ein Araberfan.«

»Weil Sie so das Händchen dafür haben, oder?«

»Dr. Cranz hat damals immer gesagt, du gehörst auf die Araber.«

Astrid von Velsen-Zerweck stutzte über die kurz zusammengefassten Erzählungen, aber ich muss es ihr hoch anrechnen, dass sie es schaffte, mit Krystynas Lebensgeschichte sehr feinfühlig umzugehen.

Krystyna erzählte weiter: »Weil ich keine Heimat und nichts habe, war ich auch übers Wochenende da. Die anderen sind übers Wochenende immer gegangen, und ich war halt Tag und Nacht hier.«

»Also waren Sie immer hier. Gucken wir mal rein in den Stall, ob Sie es wiedererkennen«, antwortete Astrid von Velsen-Zerweck sehr freundlich und zugewandt und führte Krystyna zu den Hengsten.

Die Landoberstallmeisterin wusste ja zu diesem Zeitpunkt nicht viel über Krystyna. Wir hatten uns zwar angemeldet, aber nicht sehr viel mehr erzählt, als dass Krystyna früher in Marbach war. Und ob Dr. Gebhardt ihr im Vorfeld so viel erzählt hat, weiß ich nicht.

Ich hatte auf alle Fälle das Gefühl, dass ich nicht mehr dringend gebraucht wurde, und zog mich zurück. Ich überließ die beiden ihren Fachgesprächen. Und es dauerte auch keine Minute, und sie stiegen voll ein. Ich denke, Astrid von Velsen-Zerweck erkannte spätestens da, was für ein Kaliber an Fachfrau sie in der kleinen wackeligen Person hatte.

»Hier stehen nach wie vor die Vollblutaraberhengste.« Astrid von Velsen-Zerweck öffnete eine Box und wollte den Hengst nach vorne locken, aber die Kamera machte ihn misstrauisch.

»Das ist einer aus der ägyptischen Linie. Als Dr. Wenzler in Ägypten war, hat er ja den Hengst mitgebracht. Der hier stammt aus der M-Linie.«

»Hui. Fein«, sagte Krystyna, die sofort wusste, was gemeint war und auch die Namen der Stammstuten und Stammhengste alle kannte.

Beim nächsten Hengst ging es weiter, aber auch der war von der Kamera und der Tonangel nicht begeistert. Währenddessen redeten die beiden Frauen wie die Weltmeisterinnen über Abstammungen und Ähnlichkeiten. Ich blieb mit meiner Kollegin Simone Heyder im Hintergrund, wir verstanden eh nur Bahnhof.

»Jetzt haben wir noch einen ganz lustigen. Das ist aber ein englischer Vollblüter.«

»Das habe ich gelesen. Das ist der Schecke, gell? Da bin ich gespannt«, sagte Krystyna.

»Silvery Moon heißt er. Der ist am meisten medienerfahren. Komm mal her. Das ist ein schöner Hengst, nicht wahr?«

»Ha ja! Das Bunte wollen die Leute gerade viel.«

»Farbe darf auch ins Spiel kommen.«

»Der sieht toll aus. Wie gesagt, hatte ich ihn schon auf einem Bild gesehen. Und wie lässt er sich so an?«

»Wir versuchen, ihn zum Reitpferd zu trainieren. Das macht er gut mit. Er ist nervenstark. Wollen wir mal zu den Stuten hochgehen? Es sind die ersten Fohlen geboren.«

Fohlen ließ sich Krystyna auf keinen Fall entgehen, das war klar. Auf dem Weg dahin erzählte Krystyna Frau von Velsen-Zerweck noch, wie sie bei dem legendären Herrn Lamparter das Kutschen- und Gespannfahren gelernt hatte und dafür in Kurse nach Marbach kam. Von ihm gibt es sogar ein Grundlagenbuch dazu.

Sie fragte Astrid von Velsen-Zerweck nach verschiedenen Ausbildern und Mitarbeitern, die sie von damals kannte.

Dann kamen wir am Stutenstall an. Frau von Velsen-Zerweck öffnete die Tür, und die erste Stute namens Dukna kam gleich auf die beiden zu. Und ihr Fohlen hatte sie auch gleich mit dabei. Sie beschnüffelte sofort Krystyna. Astrid von Velsen-Zerweck gab der respektvoll am Eingang stehen gebliebenen Krystyna die Erlaubnis reinzugehen. So standen die beiden bei zwei Stuten und zwei Fohlen im großen Stall im Stroh.

Prompt kam auch der Stutenmeister Niethammer dazu, an den sich Krystyna dem Namen nach noch erinnern konnte.

Krystyna war ganz dabei und erzählte auch von ihrer Zucht und ihrem Hof.

»Meine letzte Stute, die Nebraska, die habe ich übers Gestüt gekriegt. Die war polnischer Abstammung. Die war von der Rennbahn und war verunglückt. Sie konnte nicht mehr geritten werden, und zum Tragen haben sie sie auch nicht gekriegt. Aber ich habe sie dann so weit gebracht, dass sie zehn Fohlen bei mir gehabt hat.«

»Donnerwetter«, merkte die Landoberstallmeisterin an.

»Ich habe jetzt eine kleine Reitschule und mache vorwiegend Freizeitreiten. Bisschen Distanz, Gelände und dann auch viel Kinder- und Jugendkurse und Therapiereiten mit meinen Arabern.«

»Das geht auch gut mit Arabern, weil sie so sensibel sind«, entgegnete von Velsen-Zerweck.

»Trotz ihres Temperaments ruhig und gelassen.«

»Man muss sie halt gut behandeln.«

»Ja, man darf sie nicht ungerecht behandeln.«

»Das ist bei Menschen und Tieren so«, sagte Astrid von Velsen-Zerweck. Welche weisen Worte. Besonders passend für eine Frau wie Krystyna. Mir fiel spätestens jetzt auf, dass die beiden Pferdefrauen ganz auf einer Linie waren.

Die Landoberstallmeisterin sprach Krystyna aus dem Herzen.

Und dann gab es eine Überraschung: Ein ehemaliger Kollege freute sich in einer der großen Reithallen, die wir auf unserem Rundgang angesteuert hatten, weil dort gerade geritten wurde, über ein Wiedersehen.

»Ich habe gefragt, ist er noch da«, sagte Krystyna voller Freude zu Ausbildungsleiter Karl Single.

»Das ist schon ein paar Jahre her«, antwortete er und schien sich genauso zu freuen wie Krystyna.

In der großen Reithalle saßen die beiden dann mit Astrid von Velsen-Zerweck, und die große Fachsimpelei ging weiter. Krystyna genoss es sichtlich.

»Herr Single ist im Auktionsfieber«, erklärte die Landoberstallmeisterin.

»Das ist nicht das erste Mal«, sagte Krystyna schmunzelnd. Und ich im Hintergrund war erstaunt, wie gut sie die Abläufe hier in Marbach kannte.

Dann flogen die Namen von Pferden nur so hin und her. Und Krystyna strahlte geradezu.

Dieser Besuch ging gefühlt viel zu früh zu Ende. Krystyna hätte noch stundenlang so weitermachen können. Dr. Astrid von Velsen-Zerweck geleitete uns zum Tor und verabschiedete sich.

»Frau Laskowski, vielen, vielen Dank für Ihren Besuch. Es hat mich sehr gefreut. Es war mir eine Ehre, Sie kennenzulernen. Eine tolle Pferdefrau, was Sie alles aufgebaut haben, Hut ab. Und ich wünsche Ihnen ganz viel Glück, Erfolg und Freude. Und kommen Sie bald mal wieder.«

Sie verneigte sich sogar ein wenig vor Krystyna, als sie ihr die Hand schüttelte, und ich sah genau, wie es meiner kleinen Pferdeflüsterin ganz warm ums Herz wurde.

»Vielen Dank. Auch dass Sie sich die Zeit genommen haben. Das hat mich ganz arg gefreut, hier noch einmal so intensiv zu sein«, sagte sie zum Abschied.

Vor den Toren fragte ich Krystyna gleich, wie sie den Ausflug empfunden habe.

»Schön«, sagte sie sofort. »Viele Erinnerungen. Freudige Erinnerungen. Ich hab mich sofort wieder wohl gefühlt hier. Wie zu alten Zeiten. Das Treffen mit Karl Single war phänomenal. Wir haben viel fachsimpeln können mit Frau Dr. Astrid von Velsen-Zerweck.«

»Ich hab mich extra ein bisschen zurückgehalten. Wenn zwei Pferdefrauen zusammen sind, halte ich mich mal zurück.«

»Sie stammt ja nicht vom Württemberger Land, aber hat sich in den elf Jahren, die sie hier Landstallmeisterin ist, sehr gut etabliert und hat sich vieles angeeignet. Sie engagiert sich ganz toll für dieses Gestüt. Ich kann sie nur bewundern, dass sie die Stelle angenommen hat als Frau.«

»Sie hat ja gesagt, es war ihr eine Ehre, dich kennenzulernen. Was ist das für ein Gefühl?«

»Da habe ich nicht damit gerechnet. Das war schön. Von einer jüngeren Pferdefrau, die viel kann und weiß, das noch zu hören, ist natürlich im Alter auch was Schönes.«

»Macht das ein bisschen stolz?«

»Ja«, sagte sie und grinste. »Schon.«

Der Ausflug war also ein voller Erfolg. Das freute mich sehr. Hatte ich Krystyna doch dazu überredet und war mir anfangs nicht ganz sicher, ob sie es nicht mir zuliebe machte.

»Wir haben ja ein bisschen Angst gehabt, dass es dich zu sehr aufwühlt. Erinnerungen haben ja auch immer zwei Seiten. Es war jetzt für dich ein schöner Tag?«

»Ein wunderschöner Tag. Ich möchte ihn nicht missen.«

»Was war das Schönste?«

»Bei den Araberstuten und den Fohlen. Und das Fachgespräch mit Astrid von Velsen-Zerweck dazu. Auch sie hat sich über die neugeborenen Fohlen gefreut, obwohl sie nicht direkt im Stall tätig ist. Aber ich habe gemerkt, das ist auch für sie was Schönes. Und für mich war das das Höchste.«

Na also, dachte ich bei mir. Der Plan war aufgegangen.

Alltag auf dem Hof

Hengst Onaka zeigt eine Levade

Krystyna holte ihren alten Hengst Onaka heraus und zeigte uns mit ihm, wie sie trainierte. Horsemanship. Pferdeflüsterei. Der alte Herr zeigte parademäßig alles, was er zusammen mit Krystyna drauf hatte. Obwohl ihn die Kamera, die manchmal ganz nah kam, irritierte, zeigte er uns eine Levade. Er balancierte auf den Hinterbeinen. Krystyna machte lediglich ein Zeichen und fragte: »Wie groß ist der Bub?«

So etwas hatte ich außerhalb eines Zirkus noch nie gesehen. Ein beeindruckendes Bild: der stattliche Araberhengst, der auf zwei Beinen über der winzig kleinen Krystyna wie ein Riese aufgebaut war. Und doch hatte sie ihn einzig mit ihrem Zeigefinger dazu bewogen.

Immer wieder schmusten die beiden zwischendrin innig, dann ging es an die nächste Übung. Und Onaka hatte Pfiff und raste manchmal wie ein Fohlen voller Energie los. Dabei war er schon 29.

Für diese Dreharbeiten waren wir eine ganze Woche bei Krystyna auf dem Hof und bekamen so einiges an Alltagsleben mit. Bisher war ich immer nur hier und da einen Tag gekommen.

Während der Dreharbeiten fanden Reitstunden statt. Manches drehten wir, anderes nicht. Wir hätten vermutlich 24 Stunden am Stück drehen können, so viel passierte ständig rund um Krystyna. Für manche Gespräche mussten wir sie richtiggehend loseisen, um mal ein paar ruhige Minuten mit ihr zu haben.

Wir filmten, und das Geschäft lief nebenher weiter, musste schließlich weiterlaufen. Im Laufe der Drehtage kamen wir alle uns näher, ich erfuhr immer mehr Details von Krystynas Hofalltag. Eines davon schockierte mich. Denn wie sich herausstellte, war das Reiterstübchen mit seinen zwölf Quadratmetern nicht nur der Treffpunkt für alle Gäste, sondern Krystyna wohnte auch darin. Notdürftig abgetrennt durch einen quergestellten Schrank stand da ihr Bett, das tagsüber mit diversen Dingen vollgestellt war. Überhaupt war das Gebäude, in dem das Reiterstübchen sich befand, nicht viel mehr als eine bessere Baracke. Kaum isoliert und im Winter so kalt wie ein Kühlschrank.

Ich versuchte herauszufinden, warum es nicht möglich war, dass Krystyna im Haupthaus wohnte. Ein schönes Fachwerkhaus stand mitten auf dem Hofgelände. Die Aussagen verschiedener Leute ergaben schließlich ein zusammengestückeltes Bild. Das Wohnhaus war anscheinend nicht Bestandteil von Krystynas Mietvertrag, so hieß es. Das Wohnhaus war nicht bewohnbar, so hieß es. Tatsache war wohl, dass

der Schornsteinfeger die Benutzung der Öfen wegen Feuergefahr verboten hatte und
der Hofbesitzer den Einbau einer neuen Heizung nicht gestattete. Auch diese Klage
hatte Krystyna anscheinend vor Gericht verloren. Aber die Pferde so abgelegen zu-
rückzulassen und in eine entfernte Wohnung zu ziehen, kam für sie nicht in Frage.
Also hausierte sie im Reiterstübchen. Eine zähe und auch im Zweifelsfall sture kleine
Person war meine Pferdeflüsterin, wie sich herausstellte. Und eben eine echte Überlebenskünstlerin. Im Reiterstübchen wohnen? Eine ihrer leichtesten Übungen. Denn
sie hatte ja schon ganz anderes überstanden. Viel Schlimmeres.

Krystyna lobt Onaka

Der abgebrannte Hof

Der abgebrannte Hof in Herrenzimmern

Krystyna als junge Frau auf ihrem Hof

Wir machten wieder einen Ausflug miteinander. Dieses Mal nicht ganz so weit weg.

»Und wieder sind wir auf einem Trip in deine Vergangenheit. In Herrenzimmern. Das ist nur rund zwanzig Kilometer von Fluorn-Winzeln entfernt. Was war hier?«, fragte ich, während wir durch ein Wohngebiet gingen.

»Hier war ein Reitstall, den ich mit dem Reitverein zusammen gegründet habe. Ein altes Sägewerk, das wir umgebaut haben.«

»Wann war das?«

»1980. Da haben wir das Sägewerk gepachtet. Das hätte eigentlich abgerissen werden sollen, weil es zwanzig Jahre leer stand. Wir hatten eine Genehmigung vom Landratsamt für einen Reitstall.«

Sie zeigte mir, wo der Reitstall stand. Um uns herum lauter neu gebaute Häuser, eine Neubausiedlung. Eine Frau hielt mit dem Auto an, stieg sogar aus. Eine ehemalige Reitschülerin von Krystyna.

»Kommst du schon wieder im Fernsehen?«, fragte sie zur Begrüßung und umarmte Krystyna herzlich. Wir unterhielten uns kurz, dann fuhr sie weiter.

»Das ist ja jetzt fast 40 Jahre her. Was ist hier genau passiert?«, fragte ich und stieg wieder ins Thema ein.

»Da hatte ein ehemaliger Reiter einen Streit mit dem Vorsitzenden des Reitervereins. Er dachte, der ganze Hof würde dem Vorstand gehören, und er hat Brandstiftung gemacht. Aus Rache. Weil es anscheinend um Geld ging. Das wusste ich damals aber alles nicht, das habe ich erst im Nachhinein erfahren.«

»Da ist praktisch dein Lebenswerk in Flammen aufgegangen.«

»Ich hatte viel Zeit, viel Geld hineingesteckt. Bausparvertrag, Lebensversicherung, alles. Das war alles weg, innerhalb von einer Stunde.«

Und sie war nicht ausreichend versichert damals. Weil sie das Geld immer lieber in günstige Reitstunden für ihre Kinder und Jugendlichen investiert hatte. Vor allem ihre prämierten und extrem gut ausgebildeten Pferde waren nicht ausreichend abgedeckt. Die Prämien waren ihr zu teuer, weil sie so nicht gewirtschaftet hat. Weil sie eben immer mehr daran dachte zu geben als an sich selbst.

Der Brandstifter wurde als schizophren eingestuft und musste keinen Schadenersatz leisten, so erzählte sie. »Brandstiftung am Sonntagmorgen. Zwischen eins und halb zwei hat der Stall lichterloh gebrannt.«

»Und dann steht man vor dem Nichts. Wieder einmal.«

»Das war ja ein ehemaliges Sägewerk, wo überall in den Ritzen noch Staub und Sägemehl war, alles aus Holz, und da hat das lichterloh gebrannt. Ich habe damals noch in Heiligenbronn gearbeitet und bin dann vom Nachtdienst zurückgekommen, weil ich angerufen wurde. Wir wollten die Pferde rausholen, die Feuerwehr hat aber gesagt, man darf nicht mehr rein. Ich habe protestiert, die verbrennen ja alle. Es hieß nur, das ist egal, das ist viel zu gefährlich. Der Kommandant hat auch seine Feuerwehrleute nicht mehr reingelassen. Ich bin aber durchs Hintertürchen doch rein und habe vorne das große Tor aufgemacht und habe sie von hinten rausgescheucht. Aber nur der erste ist raus, als der zweite ihm hinterher ist, ist der Eingangsbalken runtergebrochen und war auf dem Pferd gelegen und hat lichterloh gebrannt. Da konnten die anderen auch nicht mehr raus.«

Sie weinte bei dieser Erzählung. Mir wurde es auch ganz beklommen. Ich streichelte ihr den Arm. Sie erzählte weiter, wollte weiter erzählen.

»Der eine, der rauskam, den habe ich aber noch 16 Jahre gehabt. Das war schon hart. Das waren alles eigengezogene Pferde.«

»Das sind schwere Erinnerungen.«

Die junge Krystyna auf dem jungen Hengst Onaka

Wir schwiegen eine Weile zusammen.

»Und trotzdem hast du dich wieder berappelt,« sagte ich nach einiger Zeit in die betroffene Stille hinein. »Und wieder nach oben gearbeitet.«

»Aber wenn Amigo nicht durchgekommen wäre, dann hätte ich es wahrscheinlich nicht mehr gemacht. Das war damals für mich ein harter Schlag. Zum Leben zu wenig, zum Sterben zu viel.«

»Wie ging es dann weiter, wo hast du gelebt?«

»Die ersten vier Wochen im Auto, dann kam ich bei einem Reiterkameraden unter. Von da aus habe ich mein Pferd versorgt, als es aus der Klinik kam.«

Diese Geschichte haben meine Kollegin und ich in keinen unserer Filme mit hineingenommen. Von allem, was Krystyna widerfahren ist, erschien uns das fast das Grausamste aus den Geschichten, die sie uns erzählt hat. Fast nicht zu ertragen. Als ob das Leben besonders schrecklich zu ihr sein wollte. Immer noch eine Schippe obendrauf.

Krystyna auf dem Kutschbock bei Hochzeit von Freundin

Damals hat Krystyna auch sämtliche Unterlagen, sämtliche Fotos aus ihrer Vergangenheit verloren. Das Wenige, das sie überhaupt hatte. Sie hat selbst kein einziges Foto von sich als junger Frau. Zu gerne hätten wir alle eines gesehen.

Im Zuge der Recherchen für dieses Buch suchten wir noch einmal. Menschen aus Krystynas Umfeld machten sich auf staubigen Dachböden und in privaten Dia-Archiven auf die Suche. Und sie wurden fündig.

Wieder ging der Hofalltag weiter. Auch ich griff immer mal wieder zur Mistgabel und ließ mich anweisen, was zu tun war. Misten war und ist eine wichtige Tätigkeit bei Krystyna. Alles muss immer sauber sein. Nicht für die Menschen, für die Pferde. Bei Krystyna gab und gibt es keine Sauerei auf dem Hof. Kein Pferd muss sich in den Dreck legen. Es sei denn, es will sich wälzen.

Ich ging also mit ihr zusammen in den Stall, um das Strohbett zu misten.

»Gibt's bei dir sowas wie ein Lieblingspferd?«, fragte ich. Ich wusste ja, dass die verstorbene Nebraska eine Sonderstellung hatte.

»Kann ich eigentlich nicht sagen. Ich hab so unterschiedliche Pferde, und dann kommt es darauf an, was ich machen will, dann nehme ich eben das Pferd, das am ehesten geeignet ist, und in dem Moment ist das mein Lieblingspferd. Ich habe eigentlich alle Arten von Pferd, weil ich sie so nehme, wie sie sind. Ich habe ein Sportpferd, das sehr schnell ist, und einen, der gemütlich ist. Er hier. Neddor.«

Sie zeigte auf den weißen Wallach. Neddor stand schon die ganze Zeit bei uns und hatte uns beobachtet. Oder vielleicht wollte er auch einfach nur bei seiner Krystyna sein.

»Er ist ja unglaublich als Therapiepferd. Als wir das erste Mal da waren, da wurden ja MS-Kranke mit dem Lift von hinten auf ihn gesetzt, und er ist dagestanden wie ein Lämmchen.«

»Das ist eben Trainingssache. Und an der Aufstiegshilfe, da müssen die Pferde so trainiert werden, dass sie nur einen halben

Therapiepferd Neddor auf der Weide

Schritt machen, dass man sie so richtig schön einparken kann. Weil die einen mehr Platz brauchen zum Aufsteigen und das Bein strecken wollen, damit sie besser einsitzen können. Und die anderen können das Bein nicht mehr strecken, die werden erst durchs Reiten im Becken locker, und da muss man das Pferd ganz nah an die Aufstiegshilfe stellen. Nicht zu weit nach vorne und nicht zu weit nach hinten, damit die Leute nicht zu weit auf der Lende sitzen oder zu weit auf dem Widerrist.«

»Das heißt, deine Fortbildungen zur Reittherapeutin waren sehr ausgiebig, weil du ja alles weißt.« Ich neckte sie ein bisschen. Das durfte ich inzwischen. Sie grinste zurück.

»Ja, und ich lese viele Bücher über diese Sachen, interessiere mich dafür. Lese regelmäßig die ganzen Fachzeitschriften für Physiotherapeuten, das kann man auch übertragen aufs Pferd.«

»Machst du mit dir selbst auch noch Therapie?«

»Ja, sonst könnte ich gar nicht mehr so weit laufen und alles machen. Jeden Morgen und jeden Abend mache ich so zwanzig Minuten bis eine halbe Stunde für mich eine spezielle Gymnastik für die Wirbelsäule. Und das sagt mir auch immer wieder der Arzt, wenn ich zur Kontrolle kommen muss: ›Normalerweise, laut

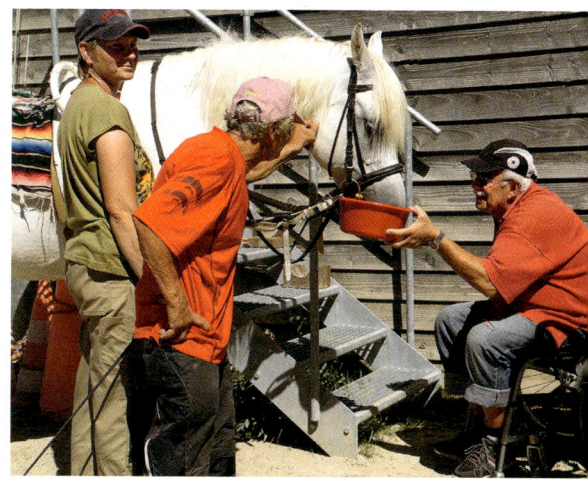

Belohnung für das Therapiepferd

Diagnose von den Röntgenbildern und vom CT, könntest du gar nicht laufen. Aber du hast dir so eine Muskulatur und Sehnen antrainiert, dass das alles stützt.‹ Da muss ich auch dranbleiben. Ich merkte es auch, als ich damals im Krankenhaus war und in den fünf Tagen fast nichts machen durfte. Ich bin ja schon am zweiten Tag nach der OP auch raus, obwohl es mir nicht erlaubt war. Aber ich habe gesagt, ich muss aufstehen, sonst komme ich nicht mehr richtig auf die Beine, wenn ich zu lange liege.«

»Machst du auch selber für dich noch Therapiereiten mit dir selbst?«

»Das mache ich ganz viel. Es gibt bei mir Tage, an denen ich nur im Schritt reiten kann, von der Wirbelsäule her und den Schmerzen. Und dann mache ich auch viel im Schritt. Aber ich kann im Schritt so viel mit den Pferden machen, Hinterhandwendung, Vorhandwendung, Seitengänge, Viereck verkleinern und vergrößern. Dann ist das Pferd im Rücken locker und ich werde locker, und das tut dann gut. Dann höre ich auch auf, und am nächsten Tag kann ich dann traben und galoppieren. Das muss ich selbst spüren und ermessen.«

»Ist ein Pferd die beste Medizin?«, fragte ich, obwohl ich Krystynas Antwort schon kannte.

»Ich würde sagen ja. Für mich auf jeden Fall. Ich kenne viele MS-Kranke und viele Querschnittsgelähmte, die immer wieder sagen, im Sommer brauchen sie die Hälfte der Medikamente weniger durch das Reiten bei mir einmal in der Woche. Den Winter über können sie ja nicht kommen. So wirkt sich das auf die Verdauung, auf alles aus. Und das ist auch bei mir so. Ich habe es ganz deutlich gemerkt, als ich in einem Jahr sieben OPs hatte. Ich bin immer am fünften Tag wieder heim, und dann hat es auch wieder funktioniert.«

Dann ging diese Frau raus aus dem Offenstall und befüllte die Wasserbehälter der Pferde. Wohlgemerkt: mit dem Schlauch am Arm. Aber es wäre ihr nie in den Sinn gekommen, darüber zu klagen, dass sie keine automatische Tränke hatte. Es war so, also kam man damit zurecht. Wie bei allem in ihrem Leben.

Neddor bei der Reittherapie

Neddor steht und wartet brav

Krystyna saß im Rollstuhl

Unglaublich, dass diese Frau vor Jahren nach einem Unfall nicht mehr gehen konnte. Damals wollte sie einen Rollstuhlfahrer vor dem Aufprall auf eine Mauer retten, hatte sich davor geworfen. Stattdessen prallte er auf Krystyna. Die Wucht brach ihr die Wirbelsäule. Die Ärzte hatten sie aufgegeben. Doch sie hatten nicht mit Krystynas Kampfgeist gerechnet.

»Ich war ein Jahr lang im Rollstuhl. Es hat geheißen, ich könnte nie wieder etwas mit Pferden machen, und damals hatte ich schon zwei Pferde. Ich sagte: Ich behalte meine Pferde. Die gebe ich nicht auf. Ein Jahr lang habe ich alles mit den Pferden gemacht, außer Misten. Ich konnte Hufe auskratzen, alles vom Rollstuhl aus. Die haben so auf mich aufgepasst. Ich hab sie aus dem Rollstuhl geputzt, gesattelt und gemacht, so gut ich konnte.«

»Und du hast das Laufen mit ihnen gelernt. Wie hast du das gemacht?«, fragte ich, weil das ja kaum vorstellbar ist, wie so was gehen sollte.

»Ich habe die Pferde vom Rollstuhl aus nebenher geführt, und dann habe ich den Gürtel los gemacht von meiner Hose, habe da den Rollstuhl eingehängt. Dann hab ich mich aufgerichtet an den Pferden, mich gehoben an den Halftern. Ich habe mich aufgerichtet, habe den Rollstuhl hinter mir hergezogen und bin so mit ihnen gelaufen. Und zwar im Gleichschritt. So habe ich die Stütze gehabt von den Pferden und bin da auf gleicher Höhe mit denen gelaufen. Da habe ich mich dann einfach angepasst und immer gestützt an den Pferden. Wenn ich

Ohne Pferde ist ein Leben für Krystyna nicht vorstellbar

nicht mehr konnte, hab ich mich bloß zurückfallen lassen in den Rollstuhl. So habe ich mich selbst trainiert. Ich habe mich dann auch mit dem Lift selber aufs Pferd gehievt. Das war ein bisschen heikel, weil ich niemanden hatte, der das Pferd geführt hat. Da musste ich aufpassen. Aber so habe ich wieder Muskeln aufgebaut. Ich hatte ja nur noch Knochen herunterhängen. Da war nichts mehr da an Muskeln durch die Zeit im Rollstuhl. An einem Bein ist es wieder wie vorher geworden, am anderen nicht so gut. Aber zum Laufen reicht es.

Ein halbes Jahr habe ich gebraucht. Dann bin ich ein halbes Jahr an Krücken gelaufen. Nochmal ein halbes Jahr am Stock, und dann hab ich wieder alleine laufen können. Insgesamt zwei Jahre. Deshalb bin ich auch bei den MS-Kranken so dahin-

Dass Krystyna laufen kann, ist nicht selbstverständlich

ter her und erzähle denen immer wieder, auch ich habe es geschafft, und ihr kriegt da auch eine Erleichterung. Das ist auch bei der MS so. Die Bewegungen vom Pferd gehen in die Wirbelsäule des Menschen rein.«

»Und deine Pferde sind nicht einfach davongerannt?«

»Nein. Kein einziges Mal. Einmal war da ein Hubbel, als ich ein Pferd auf die Koppel gebracht habe, mein Hengst Onaka war das, da war es ein bisschen schnell, und der Hubbel kam, da dachte ich, da haut es mich mit dem Rollstuhl um, das kann ich nicht machen. Ich hab ihn also losgelassen, und das hat einer meiner Reiter damals gesehen, und dann kamen gleich mehrere angerannt, wollten den Hengst einfangen. Zu dritt sind sie hinter ihm her, bis ich gesagt habe, sie sollen ihn mir nicht so heiß machen. Geht ihr mal alle weg. Ich bin mit dem Rollstuhl die Straße rauf, auf die Wiese reingefahren, habe gerufen, und er kam her. Ich hab ihn mit dem Rollstuhl rausgeführt. Die haben damals nur den Kopf geschüttelt.«

Auch ich musste darüber den Kopf schütteln.

»Woher kommt dieser unglaubliche Lebenswille?«

»Ich denke einfach, ich bin mit einem starken Willen auf die Welt gekommen, sonst hätte ich damals nicht überlebt. Im Mülleimer. Und das war ja schließlich im November. Das war irgendwie eine Gabe, dass ich durchkomme, und jetzt will ich einfach weiterleben und solange ich kann, auch weitergeben.«

Wir standen auf unsere Mistgabeln gestützt da. Neddor war schon wieder bei uns. Er hatte schon erkannt, dass er mich ein bisschen ärgern konnte, und zupfte immer wieder an mir rum. Auch jetzt piesackte er mich wieder. Er war zwar ein braves Therapiepferd, aber auch ein ganz schöner Schlawiner in seiner Freizeit. Krystyna gab ihm ein kleines Zeichen, dass er mich in Ruhe lassen sollte.

»Was wäre denn ein Leben ohne Pferde?«

»Für mich schwierig.«

»Aber irgendwann kommt einmal der Moment …«

»An dem ich es nicht mehr kann. Ich weiß. Wenn ich merke, dass es nicht mehr geht, dann will ich verkleinern. Langsam. Und schauen, dass meine Pferde in guten Händen sind. Lieber so, dass ich weiß, wo jedes Pferd hinkommt, dass sie es gut haben, als ich kann gar nicht mehr und man muss sie dann verscherbeln. Das wäre für mich viel schwieriger. So kann ich abgeben und kann sie auch in aller Ruhe besuchen, wenn ich es kann. Hauptsache, sie sind gut versorgt.

Wenn mich die Kinder schon gefragt haben, warum hast du keine Kinder, wenn du Kinder so gerne magst. Dann sage ich, die Pferde sind meine Kinder. Ich musste mich einfach entscheiden. Beides konnte ich nicht. Eine Familie und noch so für die Pferde da sein. Das hätte ich nicht geschafft, und so habe ich mich für die Pferde entschieden.«

Das ist natürlich die beschönigte Variante. Ich denke, dass da ganz viele Dinge noch mit hineinspielen. Wie etwa der Tod ihres Freundes in jungen Jahren. Oder der sexuelle Missbrauch im Heim. Aber vermutlich auch Ereignisse, von denen ich gar nichts weiß.

Krystyna hatte bis 1995 ganz normal als Industrie- und Großhandelskauffrau gearbeitet. Nach ihrem Unfall, nachdem sie im Rollstuhl saß, wurde sie allerdings berufsunfähig und erhielt seither eine kleine Rente. Diese steckte sie fast vollständig in den Hof und ihre Pferde. So dass sie ihre Reittherapie machen konnte. Alles für andere. Selbst da funktionierte das so.

Stute Ronja auf der Weide

Im Kinderheim

Ich wollte mich noch ein bisschen mehr auf Spurensuche von Krystynas Geschichte machen. Wir machten gemeinsam Pause im Reiterstübchen, ihrem Domizil. Inzwischen wusste ich ja, wie alles arrangiert war, wieso da ein Bett hinter dem Schrank stand, wieso hier alles so vollgestellt war.

Ich hatte meinen Laptop aufgebaut, wir saßen mit unseren Kaffeetassen auf der Eckbank. Aus dem SWR-Archiv hatte ich zwei Filme mitgebracht – über Heimerziehung in früheren Jahren. Ich fragte Krystyna nach ihrer Zeit im Heim. Sie war im Kinderheim der Brüdergemeinde Korntal. Dieses Heim ist inzwischen berühmt-berüchtigt und vielfach durch die Presse gegangen.

Ich tastete mich mit Krystyna langsam an das Thema heran. Sie fing an zu erzählen, noch bevor ich den ersten Ausschnitt aus dem Archiv zeigte.

»Das war halt die Nachkriegszeit. Da hat auch ein Normalsterblicher nicht viel gehabt. Familien hatten auch harte Zeiten. Da kann ich mir halt vorstellen, dass den Leuten in den Kinderheimen nichts anderes übrig geblieben ist, als so mit uns umzugehen. Wir waren zwanzig bis fünfundzwanzig Kinder in einem Raum, in einem Schlafsaal. Eine Toilette, eine Dusche, und damit musste man zurechtkommen. Die Größeren haben auf die Kleineren aufpassen müssen, und der Erzieher oder die Erzieherin ist nur mit dem Tatzenstecken dagestanden, und wenn es nicht funktioniert hat, hat man zack, zack gekriegt, dass alles gleich wieder aus der Welt war. Da waren die kurz angebunden. Wie hätten sie es auch machen können? Zwei Personen mit fünfundzwanzig Kindern, jeder ist ein bisschen anders, und dann waren es natürlich Kinder mit Vorgeschichte. Zum Teil Waisen, zum Teil aber auch Halbwaisen, die Eltern geschieden oder im Krieg gefallen. Diese Kinder hatten auch schon einiges mitgemacht. Wir waren alle zwischen drei und fünfzehn Jahre alt, das ist natürlich eine große Spanne, alles auf einem Haufen. Eine Mädchengruppe, eine Bubengruppe, die Geschlechter kamen gar nie zusammen. Das war dann immer gleich Sünde, wenn man bloß zusammen gestanden ist. Solche Sachen habe ich damals noch miterlebt. Es war nicht einfach, aber man hat überleben können. Und ich sage, es hat mir nicht geschadet, sonst wäre ich nicht so weit gekommen.«

Solche beschönigenden Erzählungen kamen immer mal wieder, das wusste ich inzwischen. Sie wechselten sich ab mit anderen Erzählungen und Tränen, die zeigten, dass das alles nicht so leicht war und Krystyna sich das so zurechtgelegt hatte, weil es einfacher zu ertragen war.

»Das hat natürlich deinen Charakter und deine ganze Lebenssituation schon früh geprägt«, versuchte ich diplomatisch zu antworten. »Wie lange warst du denn im Kinderheim?«

»Ich war mit drei Jahren bewusst im Kinderheim. Vorher muss ich anscheinend, da hab ich aber keine Erinnerung daran, das ist jetzt erst durch euch herausgekommen, in einem Säuglingsheim gewesen sein. Und dann bis ich 21 war. Damals wurde man mit 21 erst volljährig, und da hat man dann erst rausdürfen. Normalerweise wollten sie einen behalten als Arbeitskraft, aber ich habe gesagt, nur bei euch da ewig auf der Landwirtschaft arbeiten, das will ich nicht. Wenn, dann schaue ich, dass ich irgendwo in eine Landwirtschaft reinheirate, dass ich mit den Tieren zusammen bin. Aber bei euch im Kinderheim will ich nicht bleiben, ich will raus.

Dann hatte ich noch einen Unfall im Kinderheim und war schwerbehindert. Meinen Fuß wollte man mir eigentlich abnehmen, ich habe aber darum gekämpft. Dadurch, dass ich keine Eltern hatte, mussten sie mich selbst bestimmen lassen, und ich habe gesagt, ihr macht, was ihr könnt, ich halte alles aus. Ich will meinen Fuß behalten, ich will reiten. Mit einem Holzfuß kann ich nicht reiten. Dadurch war ich über ein Jahr in Stuttgart im Olgahospital, da wurde ich zigmal operiert. Ich konnte den Fuß behalten, hatte aber mit einer Knochenmarkentzündung zu kämpfen. Da kamen immer wieder Knochensplitter raus, und der Fuß war mehr offen als zu. Dadurch konnte ich nicht in der Landwirtschaft arbeiten. Ich habe mich als Industrie- und Großhandelskauffrau beworben und eine Lehre gemacht. Im Kinderheim haben sie gleich gesagt, du schaffst die Lehre nicht. Du bist nicht clever genug, das lernst du nie im Leben. Dann habe ich gesagt, erst recht schaffe ich es jetzt, wenn ihr das meint. Ich zeige es euch.

Ich hatte einen sehr guten Lehrherrn in der WLZ in Heimerdingen. Der hat das mitgekriegt, dass ich es schwer habe, und hat dann immer im Kinderheim gesagt, sie muss länger arbeiten, wir brauchen sie, und hat mit mir nebenher ein bisschen gelernt. Er hat mich da unterstützt. So hab ich dann die Lehre mit dem Notenschnitt 2,1 bestanden. Die Pferde hab ich nie ganz aufgegeben. Durch die Knochenmarkentzündung hatte ich mit allen Knochen zu kämpfen. Im Kinderheim haben sie immer gesagt, das kannst du nicht mehr. Ich sagte immer, ich will das und ich brauche das. Die Pferde waren immer mein Halt.«

»Ist das normal, dass man einem Kind immer gesagt hat, dass es nichts kann?«

»Im Kinderheim schon. Und auch nachher außen. Wenn ich in der Außenwelt gewesen bin. Da hab ich das auch in den ersten zehn Jahren oft gehört. Darauf habe immer geantwortet: Was ich im Kopf habe, kann mir niemand stehlen, und das benütze ich. So habe ich immer weitergekämpft.«

Manchmal kommt es mir so vor, als ob ihr Leben ein einziger Kampf war. So entstand ja auch einer unserer Filmtitel: »Ein Leben zwischen Himmel und Hölle«. Weil zwischen all den schlimmen Vorkommnissen bei ihr auch immer wieder unglaubliche Lichtblicke aufblitzten. Weil ihr auch wahnsinnig viel Güte in ihrem Leben begegnet ist. Menschliche und tierische.

Wir schauten also den ersten Film zusammen an. Er war aus den fünfziger Jahren und in einem SOS-Kinderdorf gedreht worden. Er war fast wie ein Werbeclip. Es wurde gesagt, es sei toll, wenn die Kinder arbeiten könnten, und wie gut es ihnen täte. Man sah Kinder bei leichter Gartenarbeit, beim gemeinsamen Essen, wie die liebevolle Pflegemutter die Kinder ins Bett brachte. In diesem Film hieß es im Kommentar: »In jedem Kinde liegt das Verlangen, von einer Mutter geliebt zu werden. Wo nun die wirkliche Mutter fehlt oder versagt, muss eine andere ihre Aufgabe übernehmen. Dazu findet am ehesten eine alleinstehende, unverheiratete Frau die Kraft.«

Ich drückte auf Pause, weil ich es kaum ertragen konnte, und fragte Krystyna: »Von alleinstehender Mutter geliebt zu werden. Hat dich mal jemand gedrückt oder in den Arm genommen?«

»Nein«, antwortete sie ganz vehement. »Wehe, du hast einen kleinen Fehler gemacht, dann hast du das Essen entzogen bekommen, musstest in den Keller hocken und hast den Ranzen vollgekriegt. Die haben immer hingeschlagen, wo es gerade gepasst hat. So wie du dagestanden bist. Früher, die Bergemann-Holzsandalen, da haben sie zack den Fuß gelupft, ausgezogen und damit hingeschlagen, egal, was es gerade getroffen hat. Da waren die gnadenlos. Da sagten sie immer, sei froh, dass du noch lebst, sei froh, dass wir dich großgezogen haben. So hat es immer geheißen. Wenn du mal was Gutes gemacht hast, war das selbstverständlich.«

»SOS-Kinderdorf ist schon sehr heile Welt?«

»Schon früher habe ich das mitgekriegt, als ich vielleicht zehn oder zwölf gewesen bin, dass so ein SOS-Kinderdorf, weil es vom Staat gefördert wurde, ganz, ganz anders war als diese Kinderheime, in denen wir untergebracht waren. Die waren kirchlich. Ob katholisch oder evangelisch. Die waren ganz anders. Entweder hatten die nicht so viel Geld oder die entsprechenden Leute. Ich kann es nicht sagen. Aber das war gar nicht so wie bei uns. So eine kleine Familie.« Sie schüttelte den Kopf.

»Hast du da sowas wie ein Geschwisterchen gehabt? Oder was du so empfunden hast?«

»Lange nicht. Das wurde auch in eine Beurteilung reingeschrieben. Dass ich sehr zurückgezogen war und immer bloß beobachtet hätte. Mich auch nirgends eingemischt hätte. Mit zehn habe ich dann wohl angefangen, die Kleineren zu bemuttern, geholfen, sie anzuziehen, ohne Widerspruch. Wenn die anderen Mädchen es nicht machen wollten, dann haben sie gesagt, Krystyna, mach du es. Ich habe sie auch gehütet, wenn sie geweint haben, und in den Arm genommen. Das wurde dann auch aufgeschrieben. Dass ich das gut machte. Aber ich hätte nichts im Kopf.«

»Die sollten dich heute mal sehen.«

»Ich weiß auch, warum ich nichts im Kopf hatte. Die haben immer gesagt, nicht im Kopf muss man es haben.« Sie zeigte auf ihren Bizeps. »Hier muss man es haben. Arbeiten, rausgehen in die Welt und Geld verdienen, davon lebt man. Und wenn man nachmittags nach der Schule ein bisschen lernen wollte, haben sie gesagt, nichts da. Rausgehen und arbeiten. Dadurch konnte ich natürlich nicht viel lernen. Ich bin nachts manchmal mit dem Kopfkissen auf die Toilette gesessen, mit der Taschenlampe, und habe da meine Hausaufgaben gemacht, weil ich tagsüber arbeiten musste. Weil ich einfach gut sein wollte in der Schule. Dann war ich gleich als Streber abgestempelt. Das haben sie einfach nicht geduldet und haben mir noch mehr Arbeit aufgebürdet, damit ich bloß nicht so viel lerne. Deshalb habe ich ja auch immer gesagt: Ihr könnt mir alles stehlen im Kinderheim, aber das, was ich im Kopf habe, das könnt ihr mir nie stehlen. Dadurch habe ich mich auch so schnell gelöst vom Kinderheim.«

Ich wagte es, ihr einen weiteren Ausschnitt aus dem Archiv zu zeigen.

Der zweite Film war über die Brüdergemeinde Korntal. Dort, wo Krystyna im Kinderheim war, dort, wo sie die Hölle erlebt hatte. Ich sagte sofort: »Nicht erschrecken. Sobald es nicht mehr geht, sagst du Bescheid.«

Der Film war in den achtziger Jahren in Korntal gedreht worden. Auch hier wurde eine fast heile Welt präsentiert. Aber nur fast. »Die Brüdergemeinde Korntal. Pietistische Protestanten, der evangelischen Landeskirche angegliedert. Die Korntaler Erziehungs- und Rettungsanstalten hatten den Ruf, sehr streng zu sein. Nicht selten wurde mit drakonischen Strafen gearbeitet.«

Schon allein der Anblick des Heims in späteren, harmlosen Aufnahmen schnürte Krystyna sichtlich die Worte ab.

»Was sagst du dazu?«, fragte ich. Sie war ja eines der Kinder, das mit drakonischen Strafen misshandelt worden war. Aber die Frau, die bisher über alles mit mir geredet hatte, war plötzlich wie versteinert.

»Sollen wir noch ein bisschen oder lieber nicht?«

»Doch, doch«, antwortete sie, es hörte sich allerdings nicht mehr so fest an. Ich beobachtete sie genau. Ließ den Film wieder anlaufen. In den achtziger Jahren war Krystyna längst nicht mehr dort, es hatte also mit ihrer Vergangenheit nur indirekt etwas zu tun. Man sah eine evangelische Schwester in ihrer Tracht mit Kindern in einer neuen Küche Plätzchen backen.

»Den Kindern zum rechten Leben zu verhelfen, vor allem aber zum rechten Glauben, war das Anliegen«, hieß es dazu im Kommentar.

Plötzlich kam Leben in Krystyna. Voller Empörung zeigte sie auf den Bildschirm und sagte: »So etwas haben wir gar nie gemacht, was die da gezeigt haben. Backen. Ausstecherle. Nie. Nie.«

»Wie war der Tagesablauf?«

»Ha, in der Landwirtschaft schaffen, Haushalt selber machen. Alles. Mit zehn Jahren hast du alles selber flicken und nähen müssen. Schuhe putzen müssen, die ganzen Räume putzen müssen. Jeder hat sein Ämtchen gehabt von den Kindern.

Und sie oder er sind bloß dagestanden als Aufsichtsperson mit dem Tatzenstecken oder dem Besenstiel, dass es funktioniert hat.«

»Gab es einen Unterschied zwischen Kindern, die ihrer Ansicht nach bessere Kinder waren, weil die Eltern durch einen Unfall ums Leben kamen, oder eben einem Kind wie du?«

»Da war ein ganz deutlicher Unterschied. Kinder, die noch einen Elternteil oder einen Onkel hatten, da haben die Verwandten immer ein bisschen geschmiert. Den Schwestern und den Erziehern immer ein bisschen etwas mitgebracht. Die durften dann auch am Wochenende heim und in den Ferien. Wir mussten dann deren Arbeit auch immer noch machen und haben kein richtiges Essen gekriegt. Wenn die Kinder dann von daheim zurückkamen, haben sie uns mit einem Schokolädchen bestochen, dass wir ihre Arbeiten gemacht haben. Dann hatten wir noch mehr Arbeit. Da haben die Erzieherinnen nie dazwischengefunkt. Im Gegenteil. Du bist einfach ein Arbeiterkind und fertig.«

»Durftest du nie in Ferien? In fast zwanzig Jahren, die du dort gelebt hast?«

»Nein. Als ich älter war, da musste ich schon als Aufsichtspersonal mit, sind wir mit dem Kinderheim nach Wilhelmsdorf an den Bodensee. Da ist auch ein Kinderheim, das Hoffmannhaus. Da wurde in den Ferien ausgetauscht. Das war aber bloß eine andere Gegend, sonst war alles gleich. Meinem größten Feind wünsche ich nie die Zeiten, die ich im Kinderheim mitgemacht habe.«

Dieser Satz ist der Hammer. Wir hielten uns bewegt an den Händen. Dann streichelte ich Krystyna über den Rücken. Wir lächelten.

»Wenn dich schon keiner gedrückt hat, dann drücke ich dich jetzt.« Ich rutschte ganz dicht neben sie und nahm sie in den Arm. Wir steckten unsere Köpfe zusammen.

»Du kriegst dafür ab und zu einen Stüber von deinen Pferden. Die haben so weiche Nüstern.«

»Und blasen einen warm an«, sagte Krystyna und klang erstaunlich glücklich.

Dann stand sie auf und kochte Kaffee. Und damit war das Thema für sie wieder ganz weit weggeschoben. Verpackt und in eine Schublade gesteckt. Ganz weit nach hinten. Sodass es am besten nicht so schnell wieder hervorgeholt werden konnte.

Meine eigene Recherche

Krystynas Erinnerungen hatten mich aufgewühlt. Wie konnte das alles sein, was ihr widerfahren ist? Ich ging recherchieren. Allein. Denn für Krystyna war das zu viel, und ich wollte es ihr auch nicht zumuten. Ihr Päckchen durfte in der Schublade liegen bleiben.

In der Beratungsstelle für ehemalige Heimkinder in Stuttgart traf ich die Leiterin Irmgard Fischer-Orthwein. Sie erklärte mir, was der Sinn der Einrichtung war: »Die Anlauf- und Beratungsstelle hat die Funktion, dass sich Betroffene hier vertrauensvoll an uns wenden können. Und wissen, dass man sie hier versteht, dass sie sich öffnen können, soweit sie es wollen. Wir zwingen niemanden dazu zu erzählen. Wenn jemand nur ganz wenig andeuten möchte, das reicht auch völlig aus. Das kann jeder so, wie er es braucht und wie er es nutzen möchte.«

»Seit wann gibt es denn so eine Beratungsstelle und warum wurde sie eingerichtet?«, fragte ich meine Gesprächspartnerin.

»Im ganzen Bundesgebiet wurden regionale Anlauf- und Beratungsstellen eingeführt vor dem Hintergrund, dass damals der ›Runde Tisch Heimerziehung‹ festgestellt hat, dass in den fünfziger und sechziger Jahren bis in die siebziger Jahre hinein Leid und Unrecht in den Heimen geschehen ist. Und da haben die regionalen Anlauf- und Beratungsstellen den Auftrag, einen Beitrag zur Aufarbeitung zu leisten. Den Betroffenen dabei helfen, einen individuellen Beitrag zur Aufarbeitung zu bekommen. So eine Anlauf- und Beratungsstelle braucht natürlich auch Fachkompetenz und die Möglichkeit, dass sich die Betroffenen niedrigschwellig und vertrauensvoll an uns wenden können.«

Vor dem Gespräch hatten wir vereinbart, dass ich nicht konkret nach Krystynas Schicksal fragen würde. Denn diese Details hätte sie mir nicht erzählen dürfen. Aber den Bezug wollte ich doch gerne herstellen.

»Krystyna Laskowski, um die es ja bei uns geht, hat sich an die Beratungsstelle gewandt, hat mit einer Mitarbeiterin von Ihnen gesprochen, die war wohl auch mal bei ihr auf dem Hof. Sie hat ja auch diese ganzen Problematiken erleben müssen in den fünfziger Jahren in so einem Heim. Was war denn dieses Leid und Unheil, das dort über die Kinder hereinbrach?«

»So wie es uns jetzt aus den vielen Schilderungen von Betroffenen vermittelt wurde und wie man aus der Fachliteratur erfährt, waren die Einrichtungen damals aus heutiger Sicht personell völlig unterbesetzt. Es waren viel zu große Gruppen und viel zu wenig Mitarbeiter. Gruppen umfassten zum Teil 20 Kinder und Jugendliche, und es waren ein bis zwei Betreuungspersonen rund um die Uhr 365 Tage im Jahr für die Kinder und Jugendlichen zuständig. Sie können es sich vorstellen, die waren oft überfordert. Die Heime waren finanziell aus heutiger Sicht mit so wenig Geld ausgestattet, dass sie sehr oft eben auch noch Landwirtschaft nebenher hatten für die

Selbstversorgung. Dass sie die Kinder zur Arbeit herangezogen haben, für die hauswirtschaftlichen Tätigkeiten, in der Küche, beim Putzen, aber eben auch in der Landwirtschaft. Da waren die Einrichtungen ganz oft aus der Not heraus in einer Situation, dass die Arbeit der Kinder Vorrang hatte vor der Schule.«

»Frau Laskowski hat uns erzählt, sie hätte gerne ab und zu auch mehr gelernt, aber je besser sie in der Schule wurde, desto mehr hat man sie zum Arbeiten herangezogen, weil man eigentlich gar nicht wollte, dass sie gescheit wird. Man hat ihr ja auch immer wieder gesagt, du bist zu dumm dazu. Also wie, Frau Fischer-Orthwein, war denn der pädagogische Ansatz? War das wirklich nur, du musst zum Arbeiten erzogen werden? Keine Liebe, keine Zärtlichkeit?«, fragte ich nach. Ich musste es wissen, weil ich es mir immer noch nicht vorstellen konnte, dass Krystyna kein Einzelschicksal war, sondern dahinter Methode steckte.

»Aus heutiger Sicht sagt man, man orientiert sich an den Fähigkeiten und dem Bedarf des Kindes. In der damaligen Zeit war die Institution da, und was die Institution geboten hat, das war der Anfang und das Ende der Welt. Wenn es da eine Heimschule gab, dann kam man da in die Heimschule, externer Schulbesuch war die absolute Ausnahme. Auch wenn ein Lehrer dann mal gedacht hat, das Mädchen hat aber doch ganz schön was auf dem Kasten, die könnte vielleicht auf eine weiterführende Schule. Dann haben das teilweise auch die Jugendämter nicht erlaubt, weil das ja mit Fahrtkosten verbunden gewesen wäre. Auch solche Erfahrungen haben wir in Heimkinderakten dokumentiert gefunden. Dass da tatsächlich Bildung vorenthalten wurde oder das individuell mögliche Bildungsniveau nicht zur Verfügung gestellt wurde, sondern man sich an der Einrichtung, an dem, was da möglich war, orientiert hat.

Von der Pädagogik her waren in der damaligen Zeit Zucht und Ordnung ganz vorherrschende Prinzipien. Den Willen von Kindern und Jugendlichen brechen. So wie ich mir das aus den Berichten vorstellen kann, aus der Überforderung der Betreuungskräfte, ein Übermaß an Strenge. Aber auch ganz oft an Lieblosigkeit. Das sind die Rahmenbedingungen, unter denen ganz viele aufgewachsen sind.«

»Sie haben vorne an der Pinnwand auch ganz erschreckende Bilder und Artikel. Ein Heimkind war ja nichts wert, hat nichts gebracht, hat ja nur gekostet. Und manche mussten diese Kosten wieder zurückzahlen. Das habe ich gar nicht gewusst. Wie funktioniert das? Und auch im Falle von Frau Laskowski, was könnte da der Grund gewesen sein, dass sie, wie sie uns sagte, Gelder zurückzahlen musste an den Staat?«

»Wer damals ein eigenes Einkommen hatte oder zu Vermögen gekommen ist, aber eben im Heim aufwachsen musste, wurde zu den Kosten herangezogen. Das war damals so, das ist heute nicht anders. Das wäre so eine Möglichkeit, die da auch in ihrem Fall zum Tragen gekommen ist. Wenn sie eine Ausbildung gemacht hat und gearbeitet hat und das über dem Selbstbehalt lag, dann wurde sie zu den Kosten herangezogen. Das ist eine gängige Praxis, die auch heute noch üblich ist.«

Im Falle von Krystyna ist das wirklich unglaublich. Ich könnte mich darüber kolossal aufregen. Sie war ja schließlich richtiggehend ausgebeutet worden. Sie trägt die Folgen am eigenen Körper. Und sie hatte als Angestellte sicher nie ein übermäßiges Gehalt und keine Reichtümer.

»Wie wurden denn dann diese jungen Menschen nach der Adoleszenz ins Leben entlassen? Mit 21 war man volljährig, großjährig hat man damals gesagt, und dann?«

»Das, was Sie jetzt ansprechen, ist etwas, das einen ziemlich fassungslos macht, weil diese Praxis sehr lange so angehalten hat, dass die Heimkinder sehr unselbständig erzogen wurden. Es gab sehr viel Fremdbestimmung. Das Taschengeld, wenn es überhaupt eines gab, war sehr eng eingeteilt. Man durfte nicht selbst über seine Freizeit entscheiden. Mit dem Tag der Entlassung kam man von dieser völligen Fremdbestimmung in die Freiheit. Viele Betroffene hatten da große Probleme, diesen Wechsel irgendwie halbwegs ordentlich hinzukriegen. Mit dieser Freiheit klarzukommen. Da sind manche erst mal richtig abgerutscht. Dieses Konzept, das damals herrschte, war eine strenge Hand, eine sehr strenge Hand, ganz oft überstreng, über das, was man damals auch für akzeptabel gehalten hätte, hinaus.«

»Schläge?«, fragte ich. Ich wollte es konkret wissen.

»Schläge. Man fängt eine. Mein Opa hat zu mir immer gesagt, du kriegst ein paar. Und wenn du fragst, gleich nochmal. Diesen Satz kennen Sie vielleicht auch. Das ist so ein typischer Satz, den man in vielen Familien bestimmt gehört hat. Aber das, was die Betroffenen erlebt haben, hat eine völlig andere Dimension. Das sind ganz oft Schläge mit Gegenständen. Schläge, die Narben hinterlassen haben, nicht nur seelische Narben, sondern körperliche Narben. Nicht in allen Einrichtungen. Ich habe einige Betroffene, die erzählen, dass sie im Heim keinen Tag geschlagen wurden. Aber sie haben dann seelische Gewalt erlebt. Demütigungen, Herabwürdigungen, Bloßstellungen. Einen eigenen Willen zu haben war nicht vorgesehen.«

»Aber die Heimkinder waren doch schon die Ärmsten von den Armen, die hatten doch schon alles verloren. Keine Heimat, keine Eltern, womöglich keine Geschwister. Hat man das nicht gesehen? Auch als jemand, der da in so einer Gruppe als Erzieher war? Diese Seelenlosigkeit, mit der man die Kinder erzieht?«

»Ich hatte unlängst ein Telefonat mit einer Betreuerin von einer Einrichtung, die mir erzählt hat, dass sie für 20 Kinder zuständig waren, und sie wollte nicht in Konkurrenz treten zu den Eltern. Und deswegen hat sie sich auch nicht erlaubt, die Kinder in den Arm zu nehmen. Sie hat Freizeitunternehmungen mit den Kindern gemacht. Ich fand das ganz bemerkenswert, wie sie sich das so hergeleitet hat. Sie wollte da nicht eine Liebe zu einer Mutter streitig machen. Ganz viele von den Kindern hatten gar keine Mutter. Dieses Aufwachsen in dieser Lieblosigkeit berichten uns viele Betroffene, dass sie darunter noch mit am meisten leiden. Ganz viele sagen, diese Schläge kann man wegstecken, vor allen Dingen, wenn es auch einen Grund hatte, wenn man was ausgefressen hatte. Aber dieses natürliche Bedürfnis als Kind nach Liebe, Geborgenheit und Schutz, das nicht erfüllt zu bekommen, das verbinden viele mit einer eigenen Schuld. Bin ich schuld, dass ich so aufwachsen musste? Schuld sind ganz andere, die dafür gesorgt haben, dass die Verhältnisse so waren, wie sie waren. Und leider über eine lange Zeit so geblieben sind.«

»Haben Heimkinder, ich sage jetzt mal bewusst diesen Ausdruck, Langzeitschäden? Können sie selber Liebe geben? Oder sind sie später oftmals in so ein eigenes Muster gerutscht? Bei Frau Laskowski habe ich gesehen, eher das Gegenteil. Sie gibt und gibt, ist aber immer ein bisschen in der Zwickmühle, weil sie nie sagen kann, das will ich und das brauche ich, sondern es allen recht machen will.«

»Ich finde es ganz erstaunlich. Das Thema, das Sie ansprechen, erleben wir ganz oft in den Beratungsgesprächen. Die Betroffenen schildern uns, wie sie da völlig lieblos aufgewachsen sind. Und wir fragen dann, wie das Leben so weitergeht. Viele berichten uns, sie haben zwar Kinder bekommen, waren aber nicht in der Lage, die Mutter zu sein, die sie gerne gewesen wären. Oder der Vater. Die Kinder, die da gerne kuscheln wollen und schmusen, und sie selber waren dann eher distanziert. Wiederum andere, denen es gelungen ist, dieses Nichterleben von Sicherheit, Schutz und Geborgenheit zu kompensieren. Die irgendwann in ihrem Leben eine andere Erfahrung gemacht haben oder wider Erwarten ganz gute, klare Koordinaten entwickeln konnten – was ist gut, was ist richtig, wie geht man miteinander um. Das ist ganz phänomenal, wie unterschiedlich sich das darstellt. Bei manchen Betroffenen muss man wirklich sagen, obwohl sie ganz Schlimmes erlebt haben, dass man kaum erklären kann, wie gut sie ihr Leben meistern und auch Bindungen und Beziehungen zustande bekommen, und das auf gute Art und Weise. Da ist man erstaunt, weil man denkt, wenn es schief gegangen wäre, hätte jeder gesagt: kein Wunder, war ja im Heim. Keine Liebe erfahren, kein Wunder, dass er oder sie so ein harter Knochen ist, kein Wunder, dass die Person gefühlskalt wirkt. Und doch gibt es Betroffene, die da auf ganz erstaunliche Weise Emotionalität entwickeln konnten, eine Geradlinigkeit in ihrem Leben.«

»Worin sehen Sie als Anlauf- und Beratungsstelle Ihre Stärke?«

»Dieses breite Wissen über die Verhältnisse damals. Dann eben die Möglichkeit, bei der Aktensuche zu helfen. Bei der biografischen Recherche. Einen Beitrag zur individuellen Aufarbeitung zu leisten. Aber wir können auch Geld in die Hand nehmen. Es ist begrenzt, es ist limitiert pro Einzelfall, die Leistungen des Fonds Heimerziehung. Und auch mit den Betroffenen herauszuarbeiten, was ihnen hilft, mit den Folgen der Heimerziehung besser umgehen zu können. Wir bekommen das immer wieder zurückgemeldet, wie wertvoll das Beratungsgespräch ist, wie hilfreich die vereinbarten Leistungen auch sein können. Nicht in jedem Fall. Wir haben da auch unsere Grenzen. Wir haben auch eine Lotsenfunktion, geben Hilfe, eine Therapie zu finden. Bei altersbedingten Beeinträchtigungen, da vermitteln wir weiter.«

Leider gibt es die Anlauf- und Beratungsstelle heutzutage nicht mehr. Mit der Beendigung des Fonds Heimerziehung Ende 2018 wurde sie in Baden-Württemberg aufgelöst.

Der Besuch damals beeindruckte mich sehr. Ich verstand so manches besser. Aber ich wollte trotzdem noch mehr wissen. Mir ein noch besseres Bild machen können. Deshalb fuhr ich weiter nach Heilbronn. Hier fing ja Krystynas Geschichte an. Im Heim sagte man Krystyna, sie sei in Heilbronn in einem Flüchtlingslager in der Mülltonne gefunden worden. Im Stadtarchiv Heilbronn war ich deshalb mit Walter Hirschmann verabredet, der dazu für uns recherchiert hatte.

»Sie haben sich mit den ganzen Unterlagen beschäftigt, was waren das denn für Lager oder Unterkünfte, die es in Heilbronn nach dem Krieg gab?«

»Das waren zwei ehemalige Wehrmachtskasernen, die dann umgenutzt wurden für die sogenannten ›Displaced Persons‹. So hieß diese Personengruppe nach Kriegsende. Das war die große Zahl der Fremd- oder Zwangsarbeiter während des Krieges im Dritten Reich. Nicht nur in Heilbronn, sondern da waren ja insgesamt Millionen im Deutschen Reich, die dann befreit waren, von einer Organisation der ›United Nations Relief and Rehabilitation Organisation‹ betreut wurden und so zusammengeführt wurden in solchen Lagern. In Heilbronn waren eben zwei große Lager in den ehemaligen Kasernen.«

»Wo genau war das Lager, in dem Frau Krystyna Laskowski gefunden worden sein soll?«

»Dieses Lager war im Süden von Heilbronn. Die ehemaligen Kasernen wurden in den fünfziger Jahren von den Amerikanern übernommen, die dann bis in die neunziger Jahre dort eine Kaserne unter dem Namen ›Wharton Barracks‹ hatten.«

»Und die gibt es immer noch?«

»Die gibt es nicht mehr. Aber an diesem Standort sind drei große Wohnblöcke stehen geblieben, sie sind heute umgenutzt als staatliche Behörden. Die kann man noch anschauen. Und es ist noch als spezielles kleines Denkmal ein sogenanntes Polenkreuz dort zu sehen. Das ist aus Eisen zusammengefügt und steht auf einem Backsteinsockel. Das wurde in dieser Zeit, als die ehemaligen polnischen Zwangsarbeiter dort in diesen Lagern waren, von ihnen errichtet. Als Erinnerung an ihre Toten.«

»Wenn Sie sagen Polenkreuz, dann denke ich mal, dass dort sehr viele polnische Menschen oder solche, die ursprünglich polnischer Herkunft waren, gelebt haben. Wie muss man sich das vorstellen? In Kasernierung? Das war ja dann fast so, wie es vorher auch war.«

»Es waren ab dem Herbst 1945 vor allem Polen. Insgesamt waren diese Zwangsarbeiter aus allen möglichen Ländern, die von Deutschland besetzt waren. Es waren da ursprünglich auch sehr viele Russen. Aber die Russen wurden nach dem Vertrag von Jalta zwangsweise in die Sowjetunion zurückgebracht. Auch durchaus gegen ihren Willen, weil denen es da dann auch nicht besonders gut ging. Und die Polen, die wären dann auch in den kommunistischen Machtbereich gekommen, das wollten die Polen zum allergrößten Teil selber nicht. Man wollte sie von Seiten der Alliierten nicht den Kommunisten übergeben, deswegen waren es überwiegend Polen. Aber es waren auch noch Ukrainer da, das ist noch einmal ein Thema für sich. Aber die große Zahl war Polen. Das waren etliche Tausend, die da eben wohnen mussten. Die sind dann auch relativ gesehen besser versorgt worden, was die Rationen betrifft, als die deutsche Bevölkerung. Mit dem Hintergrund, dass man da auch vermeiden wollte, dass sie plündern. Die waren natürlich dadurch nicht beliebt bei der deutschen Bevölkerung und es gab da schon Probleme. Die haben sich aber frei bewegt. Es haben dann auch welche bei Baufirmen gearbeitet, und es war ein reger Wechsel. Von 1945 bis Mitte 1950 bestanden die Lager.«

Er zeigte mir ein paar Postkarten aus der Wehrmachtszeit von den Kasernen im neugebauten Zustand. Aus der Zeit der Lager gab es keine Aufnahmen.

Obwohl die Heilbronner Innenstadt fast vollständig zerstört wurde, waren an den Kasernen wohl kaum Kriegsschäden.

»Und jetzt muss man sich da vorstellen, da ist also ein kleines Mädchen irgendwann irgendwie auf die Welt gekommen. Sie weiß nicht wirklich, wann. Sie haben sich die Mühe gemacht und haben ein bisschen gestöbert, was eigentlich jeder machen kann.«

»Es ist klar, von diesen Polen waren Männer und Frauen da, und die haben natürlich Kinder gezeugt, die haben auch Ehen geschlossen, da war auch eine katholische Gemeinde. Da gab es Komitees, die sozusagen auch Sozialbetreuung gemacht haben, und da sind hunderte von Kindern geboren worden in der Zeit. Ich hab mir eben gedacht, man hört Findelkind, da denkt man zuerst, es ist anonym. Aber ich hab beim Standesamt angefragt. Da haben wir eh engen Kontakt für Familienforscher. Weihnachten 49 – gibt's da eine Geburt? Und dann haben die tatsächlich einen Eintrag gefunden. Ich habe hier eine Kopie. Vom 17. Dezember 1949, da hat eine Anna Wojcik ein Kind bekommen, dem sie dann den Namen Krystyna gegeben hat. In der Frauenklinik in Sontheim. Es war also keine Hausgeburt. In diesen Verhältnissen hat es das sicher auch gegeben. Sie hat das also ganz ordentlich in der Frauenklinik bekommen. Die Frauenklinik hat das auch dem Standesamt gemeldet. So ist dieser Eintrag zustande gekommen.«

»Und dann ist sie wohl mit dem Kind irgendwann nach Hause und hat es nicht wollen …«

»Das kann man sich so vorstellen. Das würde auch von der Zeit hinkommen. Dass sie dann um Weihnachten ausgesetzt wurde. Das Schicksal dieser Mutter wird man nur schwer noch feststellen können. Da ist nur vermerkt, dass sie am 14. Februar 1918 in Polen geboren ist. Aber ohne Geburtsort. Diese polnischen ›Displaced Persons‹, das hat sich dann sozusagen so gelöst, dass die USA und andere Länder

Einreisequoten freigegeben haben. So konnten einige Hunderttausend in die USA einwandern. Aber das war, wie heute auch, eine Auslese. Man wollte natürlich bei der Einwanderung gesunde Leute, gut ausgebildete. Aber sie hat vielleicht auch geheiratet oder ist bald von Heilbronn weg. 1949 war schon die Endphase. Bis zum ersten Halbjahr 1950 war das beendet. Dann blieben noch etliche hundert übrig, die sozusagen nirgends hinkonnten. Die hat man dann der deutschen Verwaltung übergeben. Dann hießen sie heimatlose Ausländer. Und haben dann zum Teil wieder in irgendwelchen Baracken weitergehaust.«

»Anna Wojcik ist ja wie Maria Häberle. Nicht selten. Jetzt muss man sich vorstellen, das Mädchen wurde irgendwo ausgelegt. Und dann war sie in einem Säuglingsheim hier in Heilbronn. Im Ruth-Kälble-Haus.«

»Ich konnte nur finden, dass die Familie da wohl privat ein kleines Säuglingsheim hatte. Das ist durchaus denkbar, aber ich habe da keinen Beleg darüber finden können. Aktenmäßig ist da nichts weiter zu finden gewesen.«

»Jetzt haben wir mal einen Anhaltspunkt. Ich würde die Kopie der Geburtsurkunde gerne mitnehmen. Verrückt, oder? Also, das ist schon … da kriegt man schon Gänsehaut. Also da haben wir jetzt unsere Krystyna. Ich würde es ihr gerne morgen zeigen. Mal sehn, was sie dazu sagt.«

Walter Hirschmann hatte mir erzählt, dass die Kasernen, die Frauenklinik und das Privathaus mit dem Säuglingsheim ganz nahe beieinander lagen. Ich ging mir also das Denkmal für die ehemaligen Zwangsarbeiter anschauen. Das Polenkreuz stand im Schwabenhof in Heilbronn. Es war rostig und lag verlassen da. Eine Gedenktafel schilderte die Umstände seiner Entstehung. Ich setzte mich und kam ins Nachdenken über das, was ich jetzt alles erfahren hatte. Hier musste ihre Mutter gelebt haben. Jetzt verstand ich auch besser, was Krystyna mir über ihre ganzen Lebenskämpfe erzählt hatte. Krystynas polnische Abstammung war der Grund, warum sie im Nachkriegsdeutschland als staatenlose Ausländerin galt. Auch die deutsche Staatsangehörigkeit musste sie sich wie so vieles andere erkämpfen. Den Namen Laskowski hatte sie wohl zugeteilt bekommen. So hieß angeblich die Frau, die sie in der Mülltonne gefunden hatte, hatte Krystyna mir mal erzählt.

Was sie als junge Frau mit auf den Weg bekommen hatte, war wirklich ein fast unüberwindbar erscheinender Berg an Hindernissen. Wie sie die alle bewältigt hatte, kam mir in diesem Moment, bei trübem Wetter am Polenkreuz, fast unglaublich vor.

Ich schaute mir auch noch das Wohnhaus an, das angeblich ein privates Säuglingsheim einer methodistischen Familie gewesen war. Ein ganz normales Backsteinhaus. Hier musste Krystyna als Säugling gewesen sein. Sie kam ja erst als Dreijährige nach Korntal. Ich stellte mir vor, wie hier die Grundlage für ihre Resilienz gelegt wurde. Wie hier, ganz anders als in Korntal, das Baby Krystyna Liebe erfahren hatte und gut versorgt worden war. Anders ist es gar nicht möglich, dass sie wider alle

Schläge, Missbrauch, Demütigung solch ein funktionierender Mensch, solch ein herausragender Mensch wurde. Das sind alles nur meine Spekulationen.

Im Team redeten wir natürlich alle miteinander darüber. Meine Kollegin Simone Heyder erzählte mir von der Resilienzforschung, die eine befreundete Psychologin machte, und davon, wie prägend das erste Lebensjahr eines Kindes ist. Was in dieser Phase versäumt wird, lässt sich kaum mehr aufarbeiten. Schäden hinterlassen für immer ihre Spuren. Wir waren selbst sehr aufgewühlt über alles, was da herausgekommen war. Ich war also froh, dass Krystyna nicht mitgekommen war. Das hätte sie alles zu sehr aufgewühlt. Sie selbst wollte ja diese Orte auch gar nicht mit mir aufsuchen. Zu schmerzhaft. Und ich verstand auch das jetzt viel besser.

Krystyna und die Geburtsurkunde

Mir wurde es auf der Rückreise zu Krystynas Hof ganz anders bei dem Gedanken, welche Neuigkeiten ich ihr jetzt unterbreiten würde. Bisher hatte sie ihr ganzes Leben ohne Geburtsurkunde auskommen müssen. Und auch immer mit dem Gedanken leben müssen, in den Mülleimer gelegt worden zu sein.

Wir gingen alleine ins Reiterstübchen. Es war ja nicht leicht, Krystyna von Pferden und Menschen loszueisen, aber ich wusste, dass niemand dabei sein sollte, wenn ich ihr berichtete. Mein Kameramann war der Einzige, der dabei war.

Sie wusste natürlich, dass wir kommen würden, und sie wusste auch, dass wir in der Beratungsstelle und im Archiv waren. Wir haben ihr nie verschwiegen, was wir machten, wenn wir ohne sie recherchieren gingen.

»Krystyna, wir müssen noch einmal ein bisschen ans Eingemachte. Woher weißt du, wer du bist? Was hat man dir gesagt?«

»Im Kinderheim haben sie mir damals gesagt, mich hätte der Esel im Galopp auf einem Sandhaufen verloren. Das war alles. Und ich sei ein Christkindle. Ich habe dann schon gefragt, warum. Die anderen hatten ja immer Ort und Tag. Da haben sie gesagt, das sei, weil sie nicht genau wissen, wo ich herkomme.«

»Hast du denn nochmal nachgeforscht?«

»Das Jugendamt hat immer gesagt, es ist besser, du weißt es nicht. Die wollten mir nichts sagen. Aber irgendwie habe ich dann doch noch was herausgekriegt, und angeblich soll meine Mutter im Flüchtlingslager gewesen sein. In Heilbronn. Und irgendwann haben sie mir erklärt, ich sei wohl von einem anderen Mann gewesen und hätte noch zwei Halbgeschwister.«

»Und was hat sie dann mit dir gemacht?«

»Das weiß ich eben nicht. Im Kinderheim haben sie eben gesagt, dass ich im Mülleimer gefunden wurde. Deshalb haben sie das mit dem Esel im Galopp erfunden.«

»Was hat das in dir selbst bewirkt, dieses ›Ich weiß eigentlich gar nicht, wo ich herkomme‹?«

»Eine lange Zeit habe ich mir nichts daraus gemacht. Als ich dann älter war, wollte ich einfach mal wissen, wer mein Vater ist, wer meine Mutter ist. Aber ich bin da immer auf Granit gestoßen. Wenn ich bei den Erziehern und Erzieherinnen nachgefragt habe oder beim Jugendamt, hieß es immer, sei froh und dankbar, dass wir dich großgezogen haben. Wer weiß, was sonst aus dir geworden wäre.«

»Wir waren in Heilbronn und haben da nachgeforscht. Wir haben was gefunden. Wir waren im Archiv der Stadt, und der Herr im Archiv hat im Standesamt nachgefragt und hat eine Geburtsurkunde gefunden. Am 17.12. wurde nachts um 2.30 Uhr ein Mädchen namens Krystyna geboren. Und da gibt es sogar einen Namen von einer

Mutter. Anna Wojcik. Der Herr aus dem Archiv geht relativ stark davon aus, dass das deine rechtmäßige Geburtsurkunde ist.«

»Eine Geburtsurkunde hatte ich noch nie. Ich hatte immer Schwierigkeiten. Mit dem Führerschein, mit der Lehre, mit allem. Weil es immer geheißen hat, du bist heimatloser Ausländer als Findelkind. Du musst halt geduldet werden, in jedem Land, wo du gerade bist. Da musste ich jedes Jahr eine Aufenthaltsgenehmigung einholen. Als ich dann aus dem Kinderheim rauskam, musste ich alles selbst zahlen. Da brauchte ich jedes Jahr ein polizeiliches Führungszeugnis, jedes Jahr ein Gesundheitsattest, jedes Jahr 500 Mark für die Aufenthaltsgenehmigung. Als ich älter war, habe ich gesagt, das kann es nicht sein. In jedem Land ist es so, wenn man so und so lange im Land ist, dass man dann automatisch die Staatsangehörigkeit bekommt. Ich war noch nirgends anders als in Deutschland, ich bin in Deutschland gefunden worden, da muss ich doch die deutsche Staatsangehörigkeit bekommen. Nach langem Hin und Her hat mir ein Amt geholfen und den Tipp gegeben, dass ich eine Ausbürgerung aus Polen bräuchte. Ich habe damals gefragt, wie ich das machen soll. Mit Hilfe eines Dolmetschers hat es geklappt. Dann habe ich die deutsche Staatsangehörigkeit gekriegt und einen Personalausweis. Damit war es beendet, dass ich als heimatloser Ausländer beschimpft wurde.«

Wir schauten uns noch einmal zusammen die Geburtsurkunde an. Die Geburt hatte ganz regulär in der Frauenklinik stattgefunden. Ein Geburtsort für die Mutter stand nicht dabei. Aber theoretisch hätte man mit den Angaben weiterforschen können. Hätte das alles überprüfen können.

»Aber dass die das im Kinderheim nicht gewusst haben?«, sagte Krystyna plötzlich.

»Vielleicht war es denen einfach zu lästig oder es hat ihnen gereicht, was sie an Unterlagen hatten, man weiß es nicht. Das ist komisch, gell? Dass da plötzlich was liegt, und das sollst du sein. Was denkst du?«

»Ha, dass die mich im Kinderheim dauernd angelogen haben. Mit so vielen Sachen. Immer wieder, die ich hinterher herausgekriegt habe.«

Krystyna weinte. Ich hielt ihre Hand. Zuerst schwiegen wir zusammen, dann redeten wir weiter.

»Wenn du da hinfahren willst und die Originalgeburtsurkunde holen, würde ich mit dir hinfahren. Du kannst aber auch erst einmal anrufen, ob man das so kriegt. Das weiß ich nicht. Wir können nicht die Hand dafür ins Feuer legen, dass das wirklich stimmt. Aber der Herr Hirschmann aus dem Archiv meinte, zu 90 Prozent, weil das eben alles so stimmt. Auch weil da dein Name steht.«

»Und vor allem richtig.«

»Mit zweimal Y.«

»Und mit K. Das ist ja ungewöhnlich. Gut, sie haben zu mir gesagt, es ist eine polnische Schreibweise.«

Sie sinnierte kurz darüber. Es gingen ihr bestimmt tausend Gedanken durch den Kopf. Ich konnte mir gar nicht vorstellen, was man in ihrer Lage so alles an Schlussfolgerungen zog, welcher Ansturm der Gefühle da durch einen hindurchflutete.

»Ja, wie ist das dann? Wenn ich da geboren bin, dann haben die vom Krankenhaus mich in das Säuglingsheim gebracht, oder wie?«

Diese Frage hatte ich mir tatsächlich auch gestellt. Die Sache mit dem Mülleimer.

»So wird das wahrscheinlich sein. Das kann keiner nachvollziehen.«

»Dann ist das mit dem Mülleimer gar nicht wahr?«

»So, wie es aussieht, nicht. Das hat man dir wahrscheinlich einfach nur gesagt. Ich habe das den Herrn Hirschmann auch gefragt, und er meinte, dass man vielleicht gedacht hat, Findelkind ist einfacher zu verkraften als dass die Mutter das Kind nicht haben wollte.«

Krystyna war von der neuen Information emotional mitgenommen. Wie ein Häufchen Elend saß sie am Tisch und schaute auf die Geburtsurkunde. Ich konnte das nicht länger mitansehen.

»Komm mal her, wir drücken uns nochmal. Sonst fang ich jetzt auch das Plärren an«, sagte ich zu ihr. Und dann lagen wir uns in den Armen. Wir weinten gemeinsam.

»Du bist so ein Pfundskerle, so ein wertvoller Mensch, so eine liebe Frau, so ein toller Kumpel, eine tolle Reitlehrerin und ein wunderbares Mitglied deiner Araberherde, Krystyna. Ich bin ganz arg froh, dass ich dich kennenlernen durfte. Und bin ganz arg stolz darauf, so einen tollen Menschen kennengelernt zu haben. Danke.«

Und so saßen wir eine ganze Weile. Das war unser letzter Tag miteinander. Mein Team und ich hatten ihr einen Korb mit blühenden Pflanzen gebracht, weil sie Blumen so liebte. Die standen jetzt ganz prominent im Reiterstübchen, ihrem Wohnbereich.

Zum Abschied sagte ich Krystyna noch: »Immer, wenn was ist, bin ich herzlich gerne für dich da. Das ist kein G'schwätz.«

Erster Film

So musste ich Krystyna erst einmal zurücklassen, aber wir blieben in Kontakt. Danach strahlten wir im SWR-Fernsehen im Frühjahr 2018 einen zweiten, dieses Mal dreißigminütigen Film im Feiertagsprogramm aus. Meine Kollegin Simone Heyder, unsere leitende Redakteurin Ute Geiß und ich waren ganz unbedarft. Normalerweise bekamen wir auf unsere Filme zwar so hier und da mal eine Reaktion, einen Brief oder eine E-Mail, aber was nach Krystynas Film passierte, erwischte uns kalt.

Bei Krystyna stand das Telefon nicht mehr still. Sie wurde fast direkt, nachdem der Film zu Ende war, schon angerufen. Aus ganz Deutschland, ja aus der Schweiz, sogar aus Kanada. Leute standen am nächsten Tag unangekündigt bei ihr auf dem Hof. Manche waren ehemalige Reitschüler und Reitschülerinnen, andere wollten helfen, wieder andere wollten ihr einfach sagen, was für ein besonderer Mensch sie ist.

Ein paar ganz wenige machten ihr Vorwürfe. Das waren ehemalige Heimkinder wie sie. Sie waren enttäuscht darüber, dass sie die Gelegenheit nicht genutzt hatte, die Missstände, die Misshandlungen deutlicher anzusprechen, klarer zu formulieren. Sie verlangten von ihr, sie solle mehr anklagen, mehr einfordern. Nicht so versöhnlich sein.

Das traf sie schwer. Und wenn wir gewusst hätten, was da auf sie einstürzen würde, hätten wir sie besser abgeschirmt.

Aber auch ich bekam mein Fett ab. Die Kommentare im Internet waren nicht immer nett, waren ebenfalls mit Vorwürfen gespickt. Ich würde die arme alte Frau vorführen und ihr nicht helfen. Ich würde sie ausnützen, sie retraumatisieren.

Die meisten Kommentare und Nachrichten waren aber positiv, aufmunternd. Viele Leute bedankten sich, dass wir Krystyna und ihre beeindruckende Geschichte bekannt gemacht hatten.

Uns war natürlich im Vorfeld schon klar, dass es eine Gratwanderung war, mit Krystyna über die schlimmen Ereignisse ihres Lebens zu reden. Wir gingen mit so viel Fingerspitzengefühl und Einfühlung vor, wie es uns unsere langjährige Berufserfahrung erlaubte. Das ganze Team. Und Krystyna kriegte sie alle, wickelte sie alle um den Finger, ohne es zu beabsichtigen. Alle Kameraleute, alle Tonkollegen. Nach jedem Dreh spendeten diese mit allen Wassern gewaschenen Kollegen in Krystynas Kässchen zugunsten der Reittherapie für Bedürftige. Das hatte ich in meinen ganzen Berufsjahren auch noch nicht erlebt.

Und eines war immer klar: Krystyna wollte erzählen. Wollte ihre Geschichte veröffentlicht sehen. Wollte, dass dadurch vielleicht ein Wunder passieren würde und sie ihren geliebten Hof nicht verlassen müsste. Und ich glaube, sie wollte auch die Anerkennung. Ich bin bis heute froh, dass wir ihr diese Anerkennung verschaffen konnten.

Reittherapie

Einige Monate später kam ich wieder auf den Hof. Eigentlich, um mit Krystyna zu besprechen, wie es mit dem Hof weitergehen sollte. Ich war von meiner Kollegin Simone Heyder vorgewarnt worden. Krystyna war gestürzt. Sie sei blau im Gesicht.

»Da ist sie«, rief ich erfreut, als ich auf die kleine Person zulief. Von Weitem sah sie ganz normal aus, dick eingepackt, weil es auf dem Staffelbachhof schon wieder eisig kalt war.

»Ich bin ein bisschen lädiert«, lachte sie, und jetzt sah ich auch die blauen Ringe um die Augen, die blutverkrustete Nase und die grün, gelb und blau aussehenden Wangen.

»Oh, Schätzle. Was ist denn passiert?«, fragte ich beim Umarmen. Ich wusste ja nichts Genaues.

»Grüß Gottle. Am Montag war es so glatt. Ich bin ein bisschen schnell gelaufen. Da bin ich auf einem Eisensteg abgerutscht und nach vorne gefallen. Beide Handgelenke gebrochen und mein Nasenbein zweimal. Wenn man nichts tut, passiert auch nichts.«

Sie hob ihre Hände an, und jetzt sah ich auch unter der dicken Jacke die weißen

Hund Lilli wartet an der Aufstiegshilfe auf ein Pferd

Verbände hervorschauen. Reinweiß waren sie bereits nicht mehr, denn es sah so aus, als ob Krystyna trotz der Gipse an den Händen arbeitete.

»Und du schaffst?«, fragte ich nach, vermutete die Antwort aber bereits. So gut kannte ich meine kleine Pferdeflüsterin inzwischen.

»Ein bisschen halt. So gut ich kann«, sagte sie, als ob nichts weiter dabei wäre.

»Das ist unglaublich. Du bist so ein zähes Ding.« Das sagte ich scherzhaft zu ihr, weil ich genau wusste, dass sie zu viel Mitleid oder Besorgnis nicht haben wollte.

»Muss man sein.« Sie schaute dabei bescheiden zu Boden. Eigentlich hätte es ja heißen müssen: Das muss ICH sein. Denn niemand sonst, den ich kannte, hätte mit ihren Verletzungen gearbeitet.

»Beide Hände in Gips?«, konnte ich mir nicht verkneifen nachzufragen. Weil ich es eben kaum glauben konnte, dass sie mit gebrochenen Handgelenken die Mistgabel schwang.

»Nicht ganz. Ich musste mit dem Arzt ein bisschen streiten, damit er mir an den Fingern den Gips aufsägt. Ich habe gesagt, ich habe Arthrose, er kann sie nicht so lange stilllegen, dann kann ich sie hinterher gar nicht mehr bewegen. Mit dem Hintergedanken, dass ich sonst nicht arbeiten kann.«

Unglaublich!

»Das wollte ich doch gerade sagen, dass das dein Hintergedanke war. Du bist schon dein Geld wert.« Ich grinste sie an. Was sollte ich auch sonst machen? Sie zu ermahnen, besser auf sich aufzupassen, stand mir nicht zu, und Krystyna hätte es sowieso überhört.

»Aber keinen Pfennig mehr«, scherzte sie zurück.

Wir lachten zusammen. Weil Krystynas Schalk einfach ansteckend war.

»Und wie geht's dir sonst?«, fragte ich.

»Den Umständen entsprechend. Ich bin zufrieden.«

»Wie immer. Du bist ein Phänomen.«

Das sagte sie immer. Ich hatte Krystyna noch nie klagen gehört. Dabei hätte sie durchaus Gründe gehabt, zu klagen und sich über die Ungerechtigkeit der Welt zu beschweren. Nein. Sie sagte immer: Ich bin zufrieden. Was ihre Pferde anging, das war etwas anderes. Der Hof war ja vor allem die Heimat der Pferde, deshalb konnte sie diesbezüglich sehr wohl Hilfe holen oder um Beistand bitten.

»Wie sieht's aus? Ist immer noch Ende März raus?«, fragte ich also.

»Ja.« Da wurde sie ganz ernst.

»Weißt du eventuell schon, wohin?«

»Nein, noch nicht.«

»Was hat sich sonst getan?«

»Es haben viele Gespräche mit dem Hofbesitzer stattgefunden. Und untereinander. Jeder sucht nach einem geeigneten Platz, wenn es geht in der Nähe. Dass man halt weitermachen kann.«

»Und wie geht's dir da drin?« Ich zeigte auf ihr Herz.

»Die Unsicherheit ist ein bisschen schwierig. Aber sonst gut. Wir haben gerade den Integrationskindergarten hier. Die Hälfte Regelkinder und die Hälfte Kinder mit Behinderung. Da machen wir jetzt Therapiereiten. Die vespern immer erst hier im Reiterstübchen, machen eine Pause auf dem Bauernhof. Das gefällt ihnen.«

»Was machst du mit denen dann?«

»Wir richten die Pferde. Da sind sie noch zu klein dafür, manchmal helfen sie aber ein bisschen mit. Dann gehen wir mit zwei Pferden auf den Reitplatz, und sie können zeigen, was sie schon können. Von der Psyche her ist das ganz wichtig. Da sind ein paar Pfiffige vom Regelkindergarten dabei, und die machen vor, und die behinderten Kinder nehmen von denen viel mehr an als von den Erziehern.«

»Weil sie halt auch Kinder sind?«

»Ich sage immer, wie bei den Tierchen auch. Der beste Hundetrainer bringt nicht das, was ein anderer Hund beibringen kann.«

»Das sollten sich vielleicht manche Erwachsene auch abgucken.«

Reittherapie für große und kleine Menschen mit Behinderung

»Manche Erwachsene haben mich stoppen wollen, das bringt nichts, haben sie gesagt. Die einen Kinder seien gestoppt und die anderen frustriert. Da sage ich nein. Man muss das mit Gefühl angehen und deichseln, und dann funktioniert das wunderbar.«

Da war er wieder, der ganz spezielle Ansatz von Krystyna. Und dann kamen schon die Kinder und ihre Erzieherinnen um die Ecke. Sankt Maria aus Schramberg hieß die Kita. Ich blieb einfach mit dabei und beobachtete, wie das alles ablief. Ich hatte so etwas ja auch noch nicht miterlebt.

Erste Tat: die Pferde bekamen alle ein Stück Apfel von den Kindern. Große Aufregung und Begeisterung rundum – bei Kindern und Pferden.

Ich griff mir schnell den Leiter der Schmetterlingsgruppe August Unterreitmeier, der mit dabei war.

»Warum ist es gut für die Kinder mit Behinderung, dass sie reiten können?«

»Das hat ganz viel mit Körperwahrnehmung zu tun. Die spüren sie auf dem Pferd ganz gut. Und außerdem: Kontakt mit Tieren ist sehr positiv, weil Tiere ganz ehrlich etwas zurückspiegeln. Ich finde, das ist bei Menschen ganz oft nicht so. Die überlegen zuerst: Kann ich das sagen oder nicht? Und damit haben Tiere keine Probleme.«

»Und seit wann kommen Sie zu Krystyna?«

»Wir sind schon seit zehn Jahren bei ihr«, sagte er stolz. Krystyna stand schmunzelnd daneben.

»Dann hast du ja schon Generationen von Kindern ganz viel Freude bereitet«, sagte ich zu ihr.

»Einige Kinder, die zuerst im Integrationskindergarten waren und jetzt in Förderschulen sind, die habe ich immer noch im Therapiereiten dabei«, erklärte sie.

»Muss man da anders vorgehen als bei den MS-Kranken?«

»Man muss ein bisschen mehr Rücksicht nehmen, weil die einfach quirliger sind, aber vom Verstand her noch nicht so weit. Und das Pferd ist auch etwas Unberechenbares, das muss man natürlich im Auge behalten. Und dann aber nicht mit Druck, sondern immer mit Gefühl.«

»Aber dein Neddor steht ja da wie ein Lämmchen.«

»Aber auch der kann mal austicken. Wenn er halt mal so aufgelegt ist und es kommen ein paar Sachen zusammen. Es kann 99 Mal gutgehen, und beim hundertsten Mal ist ein bisschen was anders. Da muss ich kurz auf ihn einwirken, und dann ist wieder gut.«

Dann gingen wir alle auf den Reitplatz. Krystynas Helferin Bärbel führte Neddor an die Aufstiegshilfe heran und parkte ihn millimetergenau ein, damit die Kinder problemlos aufsteigen konnten. Zuerst stieg die Erzieherin auf und dann eines der Schmetterlingskinder, also mit Behinderung. Der kleine Junge strahlte unter seinem Reithelm schon die ganze Zeit in Vorfreude. Die Erzieherin hob ihn aufs Pferd vor sich und zeigte ihm nochmal, wo er sich an dem speziellen Reitgurt festhalten musste.

Daneben stand Krystyna auf dem Platz – grün und blau im Gesicht – und gab aufmunternde Kommentare dazu.

»Toll! Dann tust du jetzt mal den Neddor streicheln. Über den Hals.«

Dann sagte sie plötzlich: »Lilli, du kannst heute nicht aufs Pferd. Die Kinder sind heute dran.« Und ich verstand zuerst gar nicht, was sie meinte. Lilli war schließlich ihr junger Rottweiler-Schäferhund-Mischling und Hofhund.

»Die geht auch immer drauf«, erklärte Krystyna mir, weil sie meine Verblüffung bemerkte. »Habt ihr das noch nie gesehen?«, fragte sie erstaunt. Und da schaute schon die Hundeschnauze über den Pferdehals. Schon hatte Lilli ihre Pfoten auf Neddor gelegt und sich vor den kleinen Jungen geschoben. Der lachte ausgelassen über den Hund, der auch mitreiten wollte. Und wir anderen alle auch.

»Das ist ja wie bei den Bremer Stadtmusikanten«, sagte ich lachend. »Lilli, du kannst heute nicht mit. Das habe ich ja noch nie gesehen.« Ich griff lachend hoch zu Lilli und streichelte sie. Sie war begeistert und wollte gerne oben bleiben.

»Die erwachsenen Behinderten lasse ich immer alleine aufsteigen, und wenn die zu langsam sind, steigt Lilli zuerst auf.«

Lachend redeten wir auf den Hund ein. »Komm wieder runter, Lilli.«

Sie gähnte und wollte nicht absteigen. Dem kleinen Jungen gefiel es auch ausnehmend gut. Und Neddor machte sich gar nichts daraus. Der kannte das ja schließlich.

Zu guter Letzt drehte Lilli sich für Krystyna um und stieg über die Aufstiegshilfe wieder ab.

»Die gehört halt dazu. Sie ist auch für die Kinder ein Freund, obwohl sie so groß und kräftig ist. Da verlieren die die Angst und trauen sich mehr.«

»Und warum ist das jetzt gut, dass die Bärbel vorne am Pferd ist?«

»Zum Führen. Dass das Pferd immer gleichmäßig läuft. Und wie gesagt ist das Pferd eben unberechenbar, und sie kann gleich einwirken. Damit er schön ruhig und gleichmäßig läuft und die Behinderten sich nicht verspannen, wenn er mal den Kopf hebt oder woanders hinläuft. So dass alle entspannt sind. Er und die Kinder.«

»Und die Bärbel ist auch nicht auf der Sonnenseite des Lebens geboren.«

Ich wusste ja von früheren Begegnungen, dass ihre Helferin auch eine Behinderung hatte.

»Sie hat auch schon viel hinter sich, wurde nirgends anerkannt, und hier hat sie ihre Daseinsberechtigung. Sie kriegt ihr Taschengeld, hat ihr Essen und Trinken und wird von den Leuten auch angenommen.«

»Weißt du, jetzt geht es dir ja schon nicht so super, und jetzt hilfst du trotzdem dauernd noch anderen.«

»Mir geht es so weit gut«, sagte sie und hatte die Hände im Gips.

»Oh meine Krystyna. Im Himmel wirst du mal ein Engel, da bin ich mir sicher.«

»Meinst du?«, sagte sie schelmisch. »Ich weiß nicht.«

Aufsteigen ist nicht immer einfach

Erfolgserlebnis auf dem Pferd

Dann ging es los. Krystyna gab Befehle, wer wie zu laufen hatte, und alle folgten – Mensch und Tier. Krystyna erklärte mir, dass die hyperaktiven Kinder auf dem Hof ruhiger wurden und die phlegmatischen aktiver. Die Kinder mit Behinderung nahmen sich die ohne als Vorbild, und alle hatten eine Menge Spaß dabei. Und tiefstes Vertrauen zu Krystyna.

»Kirschen pflücken. Richtig recken und strecken«, forderte sie die Kinder auf, die Arme zu heben und mit den Händen zu wackeln. Das Mädchen aus dem Regelkindergarten, die alleine auf Flecky saß, machte enthusiastisch mit. »Schau mal«, forderte Krystyna den kleinen strahlenden Jungen auf, der mit seiner Erzieherin auf Neddor saß. Und tatsächlich: Auch er fing an, die Arme zu heben und lächelnd mitzumachen.

»Jawohl, ganz super kannst du das«, schallte es über den Reitplatz. »Und dann zeig mal, wie die Windmühle geht. Ein Arm nach hinten und drehen. Jawohl. Und mit dem anderen Arm auch. Der gehört auch zu dir. Ganz, ganz klasse.«

Krystyna wandte sich mir zu, um zu erklären, was ihr Konzept war.

»Spielerisch, ganz ohne Druck. Da kann man viel, viel weiter kommen. Alles, was Freude macht, ist für einen kranken Menschen das A und O«, sagte Krystyna. Das war und ist ihr Credo. Und sie sprach schließlich aus Erfahrung.

»Respekt und Erfolgserlebnisse. Das sind die ersten beiden Kategorien, die man rausarbeiten muss. Und dann kann man die Menschen mit Behinderung aufbauen für eine Selbständigkeit, eine gewisse Verantwortung. Da gibt es verschiedene Kriterien, je nachdem, wie stark die Behinderung ist. Das kann man nicht bei jedem rausholen. Wenn die Behinderung stärker ist, kann man mit Erfolgserlebnissen Freude bringen. Und wenn die Behinderung nicht so stark ist, kann man die Lebens-

Reittherapeutin Krystyna und Co-Therapeut Neddor sind ein gutes Team

qualität steigern. Dass die Menschen für etwas verantwortlich sind, mitarbeiten können, das ist ganz wichtig.«

Irgendwann drückte sie mir noch einen Zettel in die Hand, auf dem sie notiert hatte, was ihr zur Reittherapie wichtig war:

»**Meine Gedanken zur Reittherapie**« hatte sie geschrieben.

Fühlen, spüren, Beziehungen aufbauen, Freude und Geborgenheit erleben!

Die Reittherapie ist eine ganzheitliche Behandlung mit dem Pferd. Die Fähigkeiten des Klienten / der Klientin sollen hierbei verbessert werden, ohne ihn oder sie zu überfordern oder unterfordern. Wichtig ist immer das Wohlbefinden und die Freude des Klienten / der Klientin. Reittherapie kann Menschen stärken und ihr Leben lebenswerter machen.

Bei der Reittherapie spielt das Pferd eine wesentliche Rolle als Co-Therapeut. Es bewegt und trägt, geht vorbehaltlos auf jede/n zu und genießt unsere Zuneigung. Es freut sich, wenn es gepflegt wird, und wir Menschen lernen gerne, wie das geht. Durch die Fähigkeiten des Pferdes können pädagogische, soziale, psychologische und physiologische Ziele erreicht werden. Die Reittherapie fördert körperliche, geistige, emotionale und soziale Fähigkeiten.

Die Wirkung der Reittherapie:
– körperliche Förderung wie Gleichgewicht, Grob- und Feinmotorik, Beweglichkeit, Muskelkräftigung und vieles mehr;
– geistige Förderung wie Konzentration und Sprache;
– emotionale Fähigkeiten, dabei besonders Aufbau von Vertrauen, Selbstwertgefühl und Selbstvertrauen;
– soziale Förderung, z. B. Kontaktfähigkeit, die Fähigkeit, Verantwortung zu übernehmen, Motivationssteigerung und vieles mehr.

Die Reittherapie unterstützt Menschen in verschiedenen Lebenslagen, ob jung oder alt, mit Behinderung oder ohne.

Und wieder wurde mir klar, wie wichtig ihre Arbeit ist. Und unter anderem deshalb war es wirklich ein Problem, dass sie den Hof und ihr Zuhause verlieren sollte. Nicht nur für sie selbst und ihre Pferde, sondern für alle Menschen, die bei ihr Reittherapie bekamen.

Vereinsgründung

Zusammen mit anderen Unterstützern gründete ich damals recht kurzentschlossen einen Verein. Sehr schnell und sehr koordiniert. Emil Moosmann war mit dabei, über den wir überhaupt nach Fluorn-Winzeln gekommen waren. Meine Kollegin Simone Heyder hatte eine Reiterkameradin mitgebracht,

Logo des Vereins Pferdeglück e.V.

die Bankkauffrau war und von Krystyna gleich begeistert. Beate Buckenmaier heißt sie, und sie landete gleich im Vorstand. Ehefrauen und Ehemänner wurden »zwangsverpflichtet« mitzumachen. Und so schafften wir es am 3. Oktober 2018, eine Gründungsversammlung aus dem Boden zu stampfen. »Pferdeglück« nannten wir den Verein, weil wir das sehr passend fanden für das, was Krystyna machte, und schließlich sollte der Verein vor allem sie unterstützen.

Inzwischen waren alle Einigungsversuche mit dem Hofbesitzer gescheitert. Auch mit einem Verein im Hintergrund, der einen Pachtvertrag hätte übernehmen können, ließ sich nichts erwirken. Es gab zu viel böses Blut zwischen dem Hofbesitzer und der Hauptpächterin. Wir erfuhren Sachverhalte, die im Hintergrund abgelaufen waren, an Krystyna vorbei, die uns in pures Erstaunen versetzten. Wir hörten von Gerichtsverfahren, die liefen. Von gegenseitigen Anzeigen und Drohungen. Wir erhielten Einblick in juristische Unterlagen und gerieten fast zwischen die Fronten. Auch auf uns waren der Hofbesitzer und die Hauptpächterin irgendwann nicht mehr gut zu sprechen. Es wurden über Facebook sogar unschöne Gerüchte verbreitet: Wir seien anscheinend zu hartnäckig. Aber wir machten das ja nicht für uns selbst, sondern für Krystyna, ihre Pferde und die ganzen Menschen, die so sehr von ihrer Expertise als Reittherapeutin profitierten.

Und es war eine Tatsache: Die Zwangsräumung drohte. Deshalb hatte der neugegründete Verein eine Priorität: Wir suchten dringend einen neuen Hof für Krystyna. Und das war ganz schön schwer. Gemeinsam hatten wir eine Liste von Höfen erstellt, die es im Umkreis von Fluorn-Winzeln gab und die in Frage kamen. Denn Krystyna wollte aus der Gegend nicht weg. Sie wollte ihr Unterstützernetzwerk nicht verlieren, und sie fühlte sich in Fluorn-Winzeln wohl, hatte heimatliche Gefühle. Wenn ein Mensch wie Krystyna so etwas sagt, nimmt man das ernst. Denn sie hatte sich ja bisher nirgendwo anders wirklich heimisch gefühlt.

Aber es war ein Kampf. Sie wollte es nicht einsehen, dass sie wegziehen musste. Irgendwo gab es in ihr immer noch die Hoffnung auf ein Wunder. Dass der Hofbesitzer ein Einsehen haben würde und sich – vielleicht sogar noch am letzten Tag – auf eine Übereinkunft einlassen würde.

Aber wir glaubten nicht daran. Es hatte zu viele Auseinandersetzungen gegeben. Deshalb klapperten wir einen Hof nach dem anderen ab, ließen uns Tipps geben von einigen Bürgermeistern der umliegenden Gemeinden, aktivierten alle Kanäle, die uns zur Verfügung standen. Selbstverständlich nutzten meine Kollegin und ich auch den SWR und die Beiträge, die wir im Feiertagsprogramm und in der Landesschau Baden-Württemberg hatten.

Die Vorgaben waren natürlich auch nicht leicht. Krystyna wollte 13 Pferde mitnehmen, es sollten Weiden und Koppeln dabei sein, am besten ein Reitplatz und eine Reithalle. Der Hof sollte gut erreichbar sein, und die Hofbesitzer durften nichts gegen die vielen Besucher haben, die Krystyna durch ihre Reittherapiestunden mit sich brachte. Und die Miete durfte eine gewisse Grenze nicht überschreiten. Nicht einfach – manchmal schien es gar unmöglich. Denn Krystyna war die strengste Kritikerin. Am liebsten hätte sie den alten Hof mitgenommen und woanders hinverfrachtet.

Viele Menschen arbeiteten unermüdlich daran, etwas Geeignetes zu finden. Aber es sollten noch Monate vergehen, bis sich Licht am Ende des Tunnels zeigte – in Sachen Hof.

Ein Hoffnungsschimmer der anderen Art tat sich mehr so nebenbei auf. Frank Hofmeister, der Besitzer der Hofmeister-Möbelhauskette, hatte den ersten Film im SWR-Feiertagsprogramm über Krystyna gesehen. Als Pferdefreund war er sehr ange-

Gründung des Vereins Pferdeglück e. V.

tan und meldete sich bei mir, dass er der kleinen Pferdeflüsterin gerne einmal einen Besuch abstatten würde. Wir vereinbarten ein Treffen auf dem Hof. Vermutlich hatte er damit gerechnet, dass Krystyna die Erwartungen nicht erfüllen würde oder im Film alles übertrieben und beschönigt sei.

Aber ich vermute mal, seine Erwartungen wurden noch übertroffen. Das ging bisher allen Leuten so, die Krystyna spontan oder angemeldet besucht hatten. Nicht, dass sie alle immer sofort mit offenen Armen empfing und alles stehen und liegen ließ. Im Gegenteil. Auch Frank Hofmeister musste erst einmal warten, bis sie die Pferde versorgt hatte. Aber das war ihm als Pferdefreund natürlich erst recht sympathisch.

Bei diesem ersten Treffen stellte sich heraus, dass er für die jährliche Weihnachtsbenefizgala seiner Hofmeisterstiftung noch einen würdigen Spendenempfänger suchte. In Krystyna fand er diese würdige Spendenempfängerin. Auch deshalb war es gut, dass wir einen Verein gegründet hatten. Denn Privatpersonen durften keine Spenden erhalten.

Krystyna stimmte nicht allzu begeistert zu, mit zwei Pferden auf die Weihnachtsgala zu kommen und sich in der Manege des Zirkuszeltes vor 1500 Menschen zu präsentieren. Solche öffentlichen Auftritte waren nicht ihr Ding. Und ich glaube, sie war auch skeptisch, was das Ganze sollte. Ich erklärte mich bereit, die Gala unentgeltlich zu moderieren. Das gab Krystyna wohl ein bisschen Sicherheit. Und auch, dass der halbe Verein und ihre engsten Vertrauten zusagten mitzugehen.

Witzigerweise kam Frank Hofmeister nur wenige Wochen nach seinem ersten Besuch noch einmal. Er hatte mitbekommen, dass Krystyna im Reiterstübchen lebte, und als Möbelhändler hatte er wohl mit einem Blick wahrgenommen, dass sie kein besonders gutes Bett hatte. Prompt kam er also mit einem neuen Bett und einer Tempurmatratze. Spätestens da hatte er die skeptische Krystyna wohl überzeugt, dass er es gut mit ihr meinte.

Weihnachtsgala

Am Tag der Gala machte sich Krystyna mit ihren zwei besten Therapiepferden Neddor und Flecky auf den Weg aus dem Schwarzwald nach Bietigheim-Bissingen. Bernd Allgaier fuhr den Anhänger, und seine Frau Beate Haberstroh half mit beim Verladen und Ausladen – beides enge Vertraute von Krystyna. Ihre 13-jährige Tochter Adrienne sollte dann später mit Krystyna und den Pferden in der Manege auftreten.

Krystyna war es wichtig, dass die Pferde sich vor ihrem Auftritt im Zirkuszelt akklimatisieren konnten. Es wurde in einem Zelt eine Unterkunft für die Pferde geschaffen, die sie sich allerdings mit zwei riesigen Ochsen teilen mussten, die ebenfalls auftraten und scharf waren auf die ganzen Leckereien, die Krystynas Pferde bekamen. Da hatten die beiden Riesen eine Auge darauf.

»Flecky ist ein ganz Cooler«, sagte Krystyna über das schwarz-weiße Pony, das neben ihr an seinem Heu knabberte und anscheinend vollkommen unbeeindruckt war von dem Umgebungswechsel. »Deshalb haben wir ihn zwischen Neddor und die Ochsen gestellt. Als Puffer. Und so geht es ganz gut. Wir waren gerade auch schon in der Manege, vor der Hauptprobe. Als wir reingegangen sind, war ein Chor mit Flügel bereits drin, aber wir konnten trotzdem einmal durchlaufen. Sie waren ganz cool. Ich selbst bin ein bisschen aufgeregt, aber es geht.«

Dann ging Krystyna und half beim Striegeln der Pferde. Beide sahen aus wie aus dem Ei gepellt. So sonntäglich hatte ich sie noch gar nie gesehen. Dadurch, dass die Pferde bei Krystyna oft auf die Weiden hinaus durften, waren sie natürlich auch meist ein bisschen dreckig vom Wälzen. Ich war ja gespannt, ob Krystyna auch sich

Auf der Weihnachtsgala der Hofmeisterstiftung

selbst so herausputzen würde. Bisher hatte ich auch das nur einmal erlebt, und das war anlässlich unseres Besuches in Marbach.

Währenddessen begann im Zirkuszelt bereits der Einlauf des Publikums, und ich bereitete mich auf die Moderation des Abends vor. Krystyna war ja als Ehrengast eingeladen. Das war auch für mich ein besonderes Erlebnis. Am Empfang rote Teppiche, glitzernde Lichter, Bedienungen mit Tabletts voll Sekt, Menschen in Abendgarderobe, ein Promi nach dem anderen. Und ich hoffte auf die Spendenfreudigkeit der Gäste. Denn die Hälfte der Summe dieses Abends sollte zugunsten von Krystyna an den neu gegründeten Verein Pferdeglück gehen.

Meine Kollegin Simone Heyder war mit einem Kamerateam unterwegs und drehte für einen Bericht in der Landesschau. Mein Mann Klaus-Jochen war mit den Vorständen Emil Moosmann und Beate Buckenmaier sowie deren Ehepartner irgendwo im Gewusel der Menschen. Alle voll aufgeregter Vorfreude.

»Wir hoffen, dass die Leute so viel wie möglich spenden. Für Krystyna. Wir wollen sie unterstützen mit unserem Tun. Und für sie einen tollen Standort finden, wo alle zusammensein können«, sagte Kassenwartin Beate Buckenmaier.

Emil Moosmann ergänzte: »Mich freut es ganz arg, dass wir das mal erleben dürfen und vor allem Krystyna einmal solch eine große Veranstaltung erlebt. Sie liegt uns am Herzen.«

»Schön wäre es, wenn aufgrund dieses Events heute noch viele, viele Leute in den Verein eintreten würden. Entweder eintreten oder einmal spenden. Das wäre zusätzlich ein toller Erfolg«, sagte mein Mann meiner Kollegin in die Kamera.

Da waren sich die Vereinsmitglieder an diesem Abend einig. Es war aufregend und ein echter Hoffnungsschimmer am Horizont.

Frank Hofmeister, der Hausherr dieses Abends, erzählte meiner Kollegin Simone Heyder am Empfang aus seiner Perspektive in die Kamera, wie alles zustande gekommen war:

»Ich habe die Dokumentation im SWR-Fernsehen gesehen. Ich bin ganz spontan am 1. Mai hingefahren und war sowas von angetan von der Person, von dem, was sie macht, wie sie es macht, von dem, wie sie lebt, und dann bin ich gleich acht Tage später mit einem ganz tollen Bett noch einmal hingefahren, damit sie im Reiterstüble, dort wo sie wohnt, auch wirklich gut schlafen kann. Ich bin ein Fan. Von Pferden sowieso seit ehedem. Sie macht das mit so viel Liebe und so viel Hingabe, das erfüllt mich auch selber.«

Dann ging die Gala im Zirkuszelt schon los. Zweieinhalb Stunden Programm waren geplant. Ich begrüßte die Gäste in der Manege und machte den Einstieg. Frank Hofmeister kam als Gastgeber dazu. Und jede Menge Ehrengäste. Mein Herz schlug natürlich höher, als Frank Hofmeister Krystyna ansagte.

Der Vorhang öffnete sich, und da kam sie mit Adrienne, Neddor und Flecky angewackelt. Unter Applaus drehte sie mit den Pferden eine Ehrenrunde in der Manege. Ein großer Moment für sie, eine große Ehre. Ein Moment, der mich zu Tränen rührte. Von ihrer Freundin und Unterstützerin Beate Haberstroh war sie mit schicken Kleidern ausgestattet worden – sie trug ein Trachtenjankerl aus Leder mit einer festlichen Bluse darunter und eine schwarze Hose. Ihre Locken waren schön gelegt, ihre Verletzungen im Gesicht waren inzwischen abgeheilt, die Gipse an den Handgelenken waren von der Jacke verdeckt. Aber ihre Stallstiefel hatte sie natürlich an, und ihre Brille war mit einem Sicherheitsband befestigt. Typisch Krystyna. Schick machen war in Ordnung, aber nur, solange es praktisch blieb.

Sie strahlte. Und Frank Hofmeister und ich strahlten zurück. Und ich glaube, dieser Funke sprang auch auf das Publikum über, obwohl die Menschen ja noch gar nicht viel von Krystyna wussten.

Frank Hofmeister erzählte in der Manege noch einmal für alle seine Geschichte, wie er Krystyna kennenlernte – einschließlich der Sache mit dem Bett –, und ich machte dann ein kleines Interview mit ihr, mitten in der Manege – und vor 1500 Zuschauern mit der Rührung kämpfend.

»Meine große Krystyna Laskowski«, begrüßte ich sie, und dann kamen mir die Tränen und ich musste schlucken, um

Neddor und Flecky im Zirkuszelt so gelassen wie immer

weiterreden zu können. »Viele von Ihnen haben die Dokumentation ›Die Pferdeflüsterin‹ gesehen, und Sie haben miterlebt, was dieses kleine Persönchen alles bewegen kann. Krystyna, woher kommt dein unendlicher Lebenswille und -mut?«

»Weil ich so viel Freude erlebe. Wenn die Kinder und Erwachsenen, die bei mir reiten, ob das Behinderte sind oder nicht, so eine Freude haben an den Tieren, und das ist das, was mich aufrecht hält.«

»Die Reittherapie ist ja etwas ganz Wichtiges. Warum ist die denn so wichtig für die Menschen, die zu dir kommen?«

»Ich habe unterschiedliche Reittherapien. Die Hippotherapie speziell für die MS-Kranken, die eigentlich im Rollstuhl sitzen oder ganz schlecht laufen können. Die können hinterher gehen, zwar an Stöcken, aber sie sind wieder aufrecht. Und sehr happy.«

Ich wandte mich ans Publikum, um zu erläutern, was Krystyna zu solch einer Expertin auf dem Gebiet machte. »Und das Verrückte ist ja, dass sie selbst mit Hilfe von zwei Pferden wieder gelernt hat zu laufen und sich zu bewegen. Die Ärzte hatten sie nämlich eigentlich schon aufgegeben. Das nur mal, um zu zeigen, was Pferde, was die Reittherapie alles bewirken kann. Und noch ganz schnell gefragt: Was hast du denn gedacht, als der Hofmeister auf dem Hof stand?«

»Ich hab zuerst gucken müssen, aber dann hab ich gesagt, ich sollte zuerst die Pferde fertig machen, dann hab ich Zeit. Und bin dann auf ihn zugekommen, das hat er mir gar nicht übelgenommen. Ich habe nicht gewusst, wer er ist. Ich habe keinen Fernseher. Ich wusste nicht, dass das so ein erfolgreicher Mann ist, aber er hat sich bei mir auf dem Hof so natürlich gegeben. Hat alles angeschaut, Freude an den Pferden gehabt. Und das hat mich an ihm beeindruckt. Nachdem er dann 14 Tage später einfach mit einem Bett gekommen ist …«

Alle lachten herzlich. Und schwupp, hatte Krystyna 1500 Herzen für sich gewonnen. Neddor tänzelte ein bisschen bei dem Lärm. Aber Krystyna ließ sich nicht abbringen, zu Ende zu erzählen.

»Da hab ich gedacht, das ist ein Mann, der für die Menschen da ist, egal ob reich oder arm.«

Krystyna ausnahmsweise ganz im Mittelpunkt

Wieder Applaus. Frank Hofmeister freute sich sichtlich über die Lobeshymne.

Dann war Krystyna erlöst und durfte mit Adrienne und den Pferden die Manege verlassen. Ihr Auftritt und der ihrer Pferde waren damit beendet.

Das war der Einstieg in den Showteil des Abends. Eine Nummer jagte die andere, und zur Pause kam auch endlich Krystyna und setzte sich für den zweiten Showteil zum Publikum. Die beiden Ochsen hatten es hinter der Manege über die Absperrung zu den Pferden hinein geschafft, um sich das leckere Heu einzuverleiben, und sie hatte länger dort bleiben müssen, bis endlich wieder Ruhe eingekehrt war.

Die Marbacher Gestütsleiterin Dr. Astrid von Velsen-Zerweck war auch unter den vielen Gästen, und natürlich begrüßten sich die beiden.

»Das finde ich eine ganz, ganz tolle Idee«, sagte sie dazu, dass der Abend zu Ehren von Krystyna stattfand. »Sie ist eine Dame, die das wirklich verdient hat. Sie hat ihr Leben den Tieren, den Pferden, aber auch den Menschen gewidmet. Und da gebührt ihr die größtmögliche Unterstützung. Wenn man das in so einem Rahmen machen kann, wo die Tiere mitkommen können, ist das natürlich ganz besonders schön. Die zwei Pferde, die sie dabei hat, scheinen mir sehr geeignet zu sein für die Therapie. Die waren ja absolut cool. Das hat die überhaupt nicht gekratzt, in dieses hellbeleuchtete Zirkusrund mit den vielen Menschen zu kommen. Und Applaus konnten sie vertragen.«

35 625 Euro kamen am Schluss für Krystyna und ihren Verein Pferdeglück an diesem Abend zusammen. Ich stand in der Manege, Vorstand Emil Moosmann nahm den Scheck stellvertretend entgegen. Krystyna saß im Publikum und strahlte wie ein Honigkuchenpferd. Und ich freute mich wahnsinnig mit ihr. Endlich wurde mal großzügig anerkannt, was sie leistete.

Nach einem Finale mit Pauken und Trompeten und wirbelndem Glitzerkonfetti, würdig einer Zirkusspendengala, sammelten wir Pferdeglückleute uns alle um Krystyna. Auf die Frage, wie sie den Abend jetzt fand, antwortete sie: »Ich kann es gar nicht sagen. Das war so eine Überraschung und alles so … Ich kann es nicht ausdrücken. Mit so etwas habe ich gar nicht gerechnet. Sehr bewegend. Ich war noch nie bei so etwas. Das war unwahrscheinlich! Und die Summe, das hätte ich auch nicht geglaubt, dass da so viel zusammenkommt. Aber da sieht man, dass die Leute doch noch ein Herz haben für Kinder, Jugendliche, für Tiere. Das muss ich sagen. Es gibt solche und solche Menschen, aber ein Großteil, das bestätigt sich jetzt wieder, steht doch dahinter, wenn man für Kinder und Jugend etwas tut. Und Behinderte.«

Marina Buckenberger, eine enge Vertraute und Freundin von Krystyna, fügte hinzu: »Ich bin immer noch ganz überwältigt. Das hätte ich nie gedacht. Die Stimmung war richtiggehend familiär, und alles ist mir richtig ans Herz gegangen.«

Ich hatte Krystyna bisher nur in der Manege gesehen und ergriff jetzt die Gelegenheit, ihr zu sagen, wie sehr ich mich für sie freute.

»Deine Pferde haben heute ja ausgesehen! So blitzeblank gewienert. Da hat man sich im Fell spiegeln können. Ich bin ganz stolz. Du hast das so toll gemacht, richtig groß dagestanden. Jetzt geht's weiter aufwärts.«

Marina Buckenberger formulierte ihren Wunsch bezüglich des Hofes: »Jetzt brauchen wir noch ein Weihnachtswunder …«

Ich ergänzte das: »Das Weihnachtswunder ist für uns schon unsere Krystyna alleine. Aber das schönste Wunder wäre natürlich, wenn wir jetzt noch einen schönen Hof kriegen. Aber das funktioniert. Sie helfen mit. Ich zähl auf Sie.«

Den Schluss sagte ich in die Kamera, und genau so sendeten wir das auch – in der Hoffnung, dass sich die Zuschauer an der Suche beteiligen würden.

Die Suche

In den nächsten Monaten klapperte der Verein mehr als 25 Höfe ab. Immer wieder kam ein Hoffnungsschimmer auf, um dann schnell wieder zu erlöschen. Es war einfach sehr schwierig, etwas Geeignetes zu finden. Immer wieder trafen wir uns, um zu besprechen, wie es weitergehen könnte, wer noch eine Idee hatte. Der Verein hatte

Beate Buckenmaier, Emil Moosmann, Krystyna Laskowski und Sonja Faber-Schrecklein

richtige Listen angelegt. Es meldeten sich auf den Beitrag hin auch Zuschauer, aber niemand war aus der Gegend, in der Krystyna bleiben wollte, und kein Hof war wirklich geeignet.

Wir drei Vereinsvorstände, Beate Buckenmaier, Emil Moosmann und ich, gingen zusammen mit Krystyna auf die Volksbank in Fluorn-Winzeln und eröffneten ein Konto. Wir bereiteten alles vor, um einen Übergang auf einen neuen Hof und die dortige Unterstützung des Vereins zu ermöglichen. Nur: Es musste noch ein Hof her.

Parallel lief vor Gericht in Oberndorf am Neckar das Räumungsverfahren. Bei jedem neuen Termin gab es im Unterstützerkreis von Krystyna ein Bibbern und ein Zittern. Wie würde der Richter entscheiden? Ursprünglich hätte Krystyna bereits im März den Hof verlassen müssen. Wir hofften auf Aufschub. Denn wohin sollte sie denn so schnell mit den Pferden gehen? Aber auch für den Fall der Fälle rüsteten wir uns. Das Schlimmste für alle Beteiligten wäre eine tatsächliche Zwangsräumung mit Gerichtsvollzieher und Pfändung der Pferde gewesen. Wir erkundigten uns, wie so etwas ablaufen würde, und wurden von der Vorstellung geplagt, dass unserer Krystyna so etwas blühen könnte.

Der einsichtige Richter gewährte einen Aufschub bis Ende Juli. Das war eine große Erleichterung. Das sollte sich doch mit vereinten Kräften irgendwie schaffen lassen. Krystyna hoffte allerdings bis zum Schluss, dass der Hofbesitzer noch ein Einsehen haben würde, und wollte es nicht glauben, dass sie wirklich gehen musste.

Irgendwann war auch klar, dass wir keinen geeigneten Hof für alle dreizehn Pferde finden würden. Zu wenige Flächen, zu wenig Platz, zu teuer. Aber sie musste definitiv raus. Es gab kein Erbarmen.

Tragisch, denn wir hatten inzwischen erfahren, dass der Besitzer den Hof leer stehen lassen wollte. Das hatte er vor Gericht einräumen müssen, deshalb wurde dem Aufschub auch so schnell stattgegeben.

Dann endlich! Die Lösung für das Dilemma! Wir erfuhren über Emil Moosmann, dass der Eschenhof in Dornhan gerade dabei war, einen Pferdegnadenhof aufzubauen. Es war dort zwar noch alles in der Bauphase, aber wir traten in Verhandlungen. Mit Krystyna fuhren wir mehrfach hin, um uns den Hof anzuschauen. Großer Nachteil: Krystyna müsste getrennt von ihren Pferden wohnen. Direkt auf dem Gelände gab es keine Wohnmöglichkeit. Deshalb war sie sehr skeptisch.

Aber es schien doch die beste Lösung zu sein, die sich bot. Der Eschenhof der Familie Ruthardt in Dornhan lag nur zwölf Kilometer entfernt. Wir fuhren gemeinsam hin und trafen uns an der Hofeinfahrt mit Paul Ruthardt und seinem Sohn Matthias. Ein bisschen steif war die Begegnung noch, aber freundlich, aufgeschlossen.

»Wie sind Sie jetzt auf die Idee gekommen zu sagen, jawoll, wir wären bereit, Krystyna aufzunehmen?«, fragte ich.

Seniorchef Paul Ruthardt antwortete ganz klar: »Für mich war es irgendwie noch wichtig, ein soziales Projekt zu unterstützen. Ich hab mir das schon lange vorgenommen, ich hab aber nicht damit gerechnet, dass es so kommt. Wir wollen unseren Betrieb umstrukturieren. Der Junior wird demnächst übernehmen. Wir haben uns mit Pferdehaltung beschäftigt und den neuen Schwerpunkt Gnadenbrotpferde für unseren Hof angestrebt. Und dann kam der Anruf.«

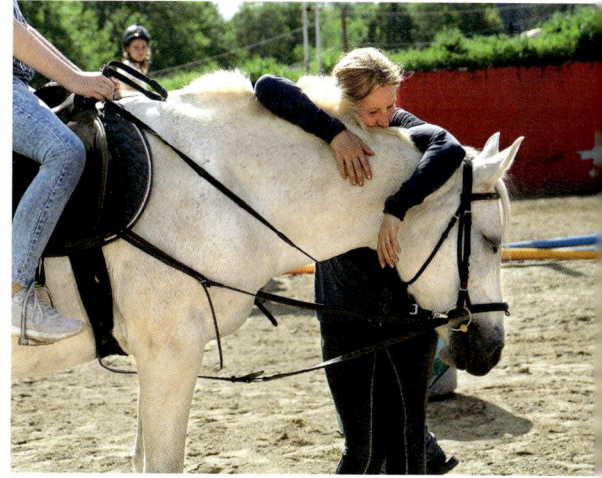

Abschiedsschmerz auf dem alten Hof

»Emil hat angerufen.« Mein Vorstandskollege vom Verein Pferdeglück.

»Weil ich einen Tipp gekriegt habe. Wir waren ja überall. 25 Objekte haben wir angeguckt. Das letzte war der Paul«, erklärte Emil Moosmann.

»Für wie viele Pferde haben Sie Platz?«, fragte ich Juniorchef Matthias Ruthardt.

»Wir bauen jetzt alles aus für neun. In zwei Gruppen.«

»Schauen wir es uns mal zusammen an«, schlug ich vor, und wir gingen gemeinsam an der Schweinezucht vorbei weiter nach hinten. Es sah schwer nach Baustelle aus. Und nicht so, als ob in ein paar Wochen hier schon Pferde einziehen könnten. Vor einer großen offenen Halle mit Gerätschaften und Geröll blieben wir stehen. Hier stand bereits ein Klocontainer, der aufgestellt werden sollte.

Wir schauten uns um. Matthias Ruthardt, der Juniorchef, erklärte die Lage.

»Hier entsteht ja die Reitmöglichkeit für Krystyna, wo sie ihre Reittrainings und Ausbildungsstunden machen kann. Da werden wir das alles noch herrichten. Eine Bande außenrum installieren.«

Ich schaute so skeptisch in die Runde wie Krystyna. »Aber Sie wissen schon, dass es bald so weit ist?!«

»Das wissen wir«, sagte er und lachte fröhlich – gänzlich unbesorgt. »Es sieht noch nach Rohbau aus. Aber die Technik ist schon auf dem Hof, um das schnell umzusetzen. Wir bewegen schon was, wenn wir drangehen.«

»Ich glaube, momentan kann es sich Krystyna noch nicht vorstellen.«

Ich legte ihr den Arm um die Schulter.

Sie blinzelte in die Runde und sagte: »Ich war am Donnerstag zuletzt auf dem Hof, und es hat seither wahnsinnige Fortschritte gegeben. Damit hab ich nicht gerechnet, dass es so schnell vorangeht.«

Ich drückte sie an mich. »Ja, guck mal. Das entlockt dir ja sogar ein sanftes Lächeln. Ach Krystyna, jetzt sind wir schon seit fast drei Jahren zusammen unterwegs, guck mal, jetzt wird's doch noch was.«

»Ich hoffe«, sagte sie zögerlich.

»Das brauchst du nicht nur zu hoffen. Der junge Mann sieht so vertrauenswürdig aus. Miteinander – du, der Verein und die Familie Ruthardt – kriegen wir das hin.«

Wir schauten uns verschiedene Container an, die das Reiterstübchen und die Sattelkammer werden sollten.

»Sie sehen so aus, als ob Sie richtig Spaß daran hätten. An der Veränderung auf Ihrem Hof?«, fragte ich den Juniorchef.

»Für mich ist es auch die Zukunft. Es macht ja Spaß, einen Betrieb weiter zu entwickeln. Damit beschäftigen wir uns schon seit Jahren, in welche Richtung es gehen soll. Grundsätzlich habe ich ja in der Ausbildung immer die Schweine forciert, mittlerweile kommt jetzt doch auch ein Umdenken, dass man sich breiter aufstellen muss. Und ich denke, da haben wir jetzt mit der Pferdehaltung einen guten Weg gewählt. Wir halten schon seit Jahren Pferde. Meine Schwester hat schon immer welche gehabt.«

»Ich wollte gerade fragen, wie kommen Sie auf die Gnadenhofgeschichte?«

»Wir haben uns erstaunlicherweise schon mit allem beschäftigt. Ob es Fische sind, Geflügel … Schlussendlich sind wir bei den Pferden hängen geblieben. Weil da einfach alles passt. Die Infrastruktur hier muss noch etwas wachsen. Unsere Familie zieht voll mit. Der soziale Aspekt kommt uns einfach entgegen. Das muss ich meinem Vater hoch anrechnen, das war für ihn schon immer ein Anliegen.«

»Dass wir Ihnen so zugeflogen sind, wer weiß? Irgendwie sollte es sein.«

Das war schon erstaunlich, wie sich alles gefügt hat.

Wir gingen weiter. Dahin, wo Krystynas Pferde untergebracht werden sollten. In einer großen offenen Halle war viel Platz, wenn erst einmal die Geräte weggeräumt wären.

»Das heißt, die vier Stuten kommen mit dem Wallach zusammen, wie bisher auch. Und die Hengste?«, fragte ich Krystyna.

»Die Hengste und die Ponys kommen jeweils separat. Weil ich für die Therapie Kinder und Jugendliche habe, die nicht reiten wollen, aber den Umgang mit den Pferden brauchen. Wenn die ihr Pferd aus einer Herde rausholen müssen, das ist zu gefährlich. Deshalb müssen die Ponys extra sein, dass die Kinder die Selbständigkeit erleben, ein Erfolgserlebnis haben, dass sie das alleine können. Wenn die Ponys aber in der Gruppe sind, schaffen sie das nicht. Dann muss immer ein Erwachsener mitlaufen. Ich habe die immer im Blick, aber selbständig ist besser. Es ist hier alles ein bisschen kleiner und enger und eine Umstellung für die Pferde und auch für mich.

Aber irgendwie wird es schon gehen. Wir müssen einfach gucken, dass wir das mit den Koppeln hinkriegen, das sind sie gewöhnt, dass sie rauskommen. Dann ist die Umstellung auch nicht so schlimm.«

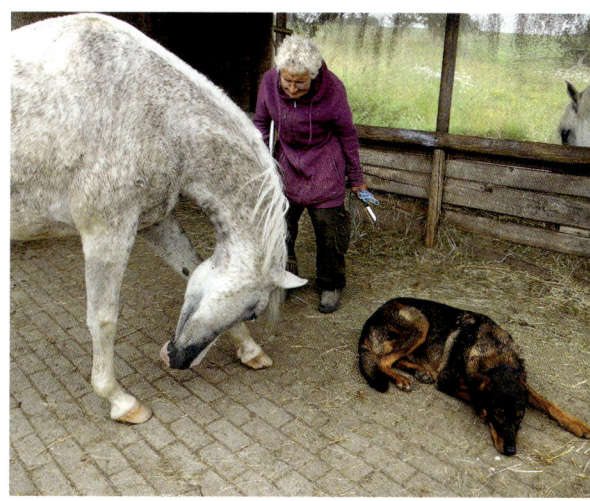

Krystyna hörte sich ganz optimistisch an. So langsam schien sie sich damit abzufinden, dass es keinen anderen Weg gab. Dass sie sich darauf einlassen musste, hierher zu ziehen.

»Dann machen wir das fix, Krystyna, oder?! Herr Ruthardt, wie hat man das früher gemacht? Mit der Hand am Arm. Gilt's?«

Ich schlug mit Seniorchef Paul Ruthardt im Namen des Vereins ein.

Die Zukunft scheint noch ungewiss

»So machen wir das«, sagte er und grinste mich an. Er schien damit zufrieden zu sein.

»Mit dem Juniorchef auch.« Ich hielt auch Matthias Ruthardt die Hand hin.

»Jawoll«, sagte er und schüttelte kräftig. Und sein Vater meinte dazu: »Bei uns gilt der Handschlag noch was.«

Aber natürlich gab es auch einen schriftlichen Vertrag, den alle unterzeichneten. Zur Unterzeichnung gingen wir ins Wohnhaus der Familie Ruthardt. Es gab Kuchen und Sekt auf der Terrasse. Krystyna sah sehr traurig aus, obwohl wir anderen alle heiter waren, guter Dinge. Aber wenn man schon so viel erlebt hatte wie Krystyna, war es wohl nicht so einfach, an ein gutes Ende zu glauben. Sie war einfach wehmütig. Und ich konnte das auch verstehen. Natürlich war es Krystyna schwer ums Herz.

Der Vertrag wurde von allen unterschrieben, und wir stießen auf die Zukunft an.

»Wir freuen uns sehr, dass das alles klappt. Herzlichen Dank«, wandte ich mich noch einmal an Vater und Sohn. Und auch Krystyna konnte ein bisschen lächeln. Ein ganz kleines bisschen.

Vorbereitungen

Vier ihrer geliebten Pferde musste Krystyna also verkaufen. Es ging nicht anders, denn es war nur für neun Pferde Platz auf dem Hof der Ruthardts. Die Wahl fiel auf vier Hengste, die sie würde entbehren können, weil sie nicht in der Reittherapie eingesetzt wurden. Wir standen zusammen bei Namigo, einem der Vier, in der Box, und Krystyna weinte.

»Du hast jetzt alle vier kastrieren lassen? Und wie haben sie es verkraftet?«, fragte ich. Ich hatte mir sagen lassen, dass es gar nicht so einfach war, ältere Hengste zu kastrieren.

»Nicht so gut. Die sind immer noch nicht so ganz fit.«

»Woran lag es?«

»Wenn die schon so alt sind, ist das ein gewisses Risiko.«

Ich war nur froh, dass es alle vier bereits überstanden hatten. Krystynas Nerven wurden immer dünner, je näher der Umzug rückte. Ich versuchte also, auf das Positive hin abzulenken.

»Und Namigo geht wohin?«

»An die Schweizer Grenze. Und die anderen drei bleiben in der Nähe.«

»Aber du weißt, dass sie dort gut versorgt sind.«

Die gute Nachricht war, dass vier ehemalige Reitschülerinnen von Krystyna, inzwischen junge Frauen Anfang zwanzig, bereitgestanden und nur darauf gewartet hatten, die vier Hengste zu kaufen. Die hatten allerdings vorher noch gelegt werden müssen, wie man das Kastrieren der männlichen Pferde nennt. Denn auf vielen Pferdehöfen werden Hengste nicht aufgenommen, weil sie normalerweise, wenn sie nicht von einer Pferdeflüsterin Krystyna Laskowski erzogen werden, nicht einfach zu halten sind.

»Das sind halt meine Buben, die sind bei mir geboren, die hab ich großgezogen und zugeritten. Therapiereiten und alles gemacht, Ausritte. Der dort drüben ist jetzt 19 Jahre bei mir und Namigo 15. Das ist halt schon eine lange Zeit. Da wächst man schon zusammen. Von Namigo hatte ich schon die Mutter und Großmutter. Den Vater und Großvater.«

»Die Zeiten hier sind einfach vorbei. So weh das tut und so schlimm das ist. Die Sonne scheint auch woanders wieder.«

»Ich hoffe es.« Das war zu dieser Zeit ihre Standardantwort. Aber man hörte doch immer ihre Ängste heraus und weniger die Hoffnung.

»Guck mal, die Ruthardts auf dem neuen Hof machen so viel. Ich weiß, immer musst du dich auf jemand anderen verlassen, und nie darfst du das machen, was du selber willst. Und nie hast du selbst was zu sagen. Aber wir haben dich immer gefragt. Guck mich mal an.«

Krystyna hatte still vor sich hingeweint, als ich redete, und Namigo gestreichelt.

Nicht jeder konnte mit umziehen

»Du weißt ganz genau, dass wir dir nie was Böses tun würden. Wir sind für dich da.« Das betonte ich bei jeder Gelegenheit. Auf keinen Fall wollten wir Helferlein etwas machen, was ihr nicht entsprach. Sie zu etwas drängen, hinter dem sie nicht hundertprozentig stand.

»Ich weiß es.«

»Und dass wir alles versucht haben, in deinem Sinne alles hinzukriegen. Und dass du jetzt vier von deinen Buben hergeben musst, ist leider so. Deine Pferdefamilie ist zu groß. Der Verein kann dir mit deiner Therapie helfen, aber wir können dir natürlich nicht das Leben mit deinen Pferden finanzieren. Das geben die Spendengelder nicht her. Wir müssen das anders einsetzen.«

»Ich hab ja seither auch immer alleine durchgehalten. Ich hab noch nie jemanden gebraucht zum Spenden. Die Pferde haben ihr Geld hereingebracht und sich selbst gefördert.«

»Aber es liegt jetzt auch daran, dass du halt hier keine Zucht mehr machen konntest. Was du früher machen konntest. Das wird jetzt noch einmal eine harte Geschichte, Abschied zu nehmen.«

»Pferde sind halt wie Kinder. Die brauchen die Regelmäßigkeit und die Gewohnheit. Je älter sie sind, desto schwieriger ist die Umstellung.«

»Und da bist du auch ein bisschen wie ein Pferd. Aber das kann man ja auch nachvollziehen. Die Leute kennen deine Geschichte und wissen ganz genau, was du jetzt alles mitmachen musst. Und deswegen sind auch alle auf deiner Seite. Wenn du einen Wunsch frei hättest, was wäre das?«

»Einfach dass es gut weitergeht. Dass es meinen Tieren gut geht.«

Ein guter Wunsch – und einer, der sich hoffentlich erfüllen ließ.

Der letzte Kinderferienkurs fand trotz anstehendem Umzug statt. Das brauchte Krystyna noch einmal. Das war wie ihr Lebenselixier. An diesem Tag hatte Krystyna die ganzen Kinder auf dem Hof. Mit Übernachtung im Heubett in der großen Scheune. 14 Kinder plus die Jugendlichen, die halfen, sie zu betreuen. Eine richtige Rasselbande. Das war noch einmal schön für Krystyna. Denn auf dem neuen Hof wären solche Sachen nicht mehr möglich.

Und die Zeit wurde so langsam knapp. Wir mussten unter Zeitdruck den Umzug zusammen planen. Immer wieder trafen wir uns in verschiedenen Konstellationen. Ich war nicht so häufig dabei, immerhin waren es für mich anderthalb Stunden Fahrt in den Schwarzwald. Andere wie Emil Moosmann und Beate Buckenmaier waren in der Gestaltung des neuen Hofes ganz vorne dabei. Vor Ort arbeiteten wiederum andere an der Auflösung des alten Hofes. Es war ein riesiger Berg, der sich da vor uns auftat. Und immer mittendrin die kleine Krystyna, die unermüdlich arbeitete und oftmals Hilfe gar nicht annehmen wollte. Alleine alles stemmen wollte.

»Also, wie findet dieser Umzug statt?«, fragte ich an einem Junitag auf einer Bierbank sitzend in die Runde. Wir Vorstände waren alle da, Krystyna und einige Vereinsmitglieder. »Kann mir da schon irgendjemand irgendwas sagen?«

»Krystyna muss sich mit Paul Ruthardt über den genauen Zeitpunkt verständigen. Wenn es entsprechend schwere Sachen zu transportieren gibt, hilft uns die Straßenbaufirma Bantle. Und wenn wir den genauen Termin wissen, hilft uns die Feuerwehr Fluorn-Winzeln beim Umzug.«

Bei Krystyna lebten die Hengste ohne Probleme zusammen

Letzte Reitstunden auf dem alten Hof

Emil Moosmann hatte in der ganzen Gegend Klinken geputzt und so viel Unterstützung und Material aufgetan, dass mir ganz schwindelig wurde. Eine unglaubliche Hilfsbereitschaft tat sich da auf. Mein Vorstandskollege erwies sich in dieser Situation als ein Hans Dampf in allen Gassen.

»Was meine Koppeln angeht, bauen wir das jetzt so langsam peu à peu ab. Da ist schon einiges organisiert«, erklärte Krystyna.

»Was das Elektrische angeht«, sagte Fritz Mattheis, Vereinsmitglied und Elektrotechnik-Ingenieur, »musst du, Krystyna, auch einmal eine Aufstellung machen, was wir auf dem neuen Hof an Anschlüssen brauchen. Zum Beispiel deine Hebevorrichtung für die Reittherapie brauchst du ja dringend wieder, und das müssen wir klären. Außerdem muss man die vor dem Wiederaufbau überholen und neue Kabel daranmachen, damit es wieder optimal ist. Und hier, das Hoflicht auf dem Reitplatz muss ja auch abgebaut werden, hast du gesagt.«

»Aber ja, das habe alles ich hier installiert«, erklärte Krystyna.

Tausend Kleinig- und Großigkeiten, die alle auf Trab hielten.

»Wichtigste Frage«, sagte Beate Buckenmaier, »wie kommen die Pferde auf den neuen Hof?«

»Das ist auch schon geregelt. Die gehen im Hänger rüber. Immer zwei auf einmal.«

»Dann werden sie nicht geritten, sondern gehen also im Hänger rüber.«

»Das wäre mir zu weit und zu gefährlich.«

Es waren nur zwölf Kilometer, aber Krystyna hätte ausreichend gute Reiter und Reiterinnen gebraucht, die mit den Pferden vertraut waren, und sie selbst ritt seit einiger Zeit nicht mehr. Das wäre sehr heikel geworden. Da hörte sich der Hänger besser an. Auch wenn das am Tag der Tage auch nicht gerade leicht war …

Umzug

Viele kamen, um Krystyna beim Umzug zu helfen

Am ersten Umzugstag herrschte auf dem Hof rege Geschäftigkeit. Als ich ankam, fuhr gerade ein riesiger Sattelschlepper der Firma Bantle auf den Hof. Auf ihn sollte Krystynas Futtercontainer verladen werden, so viel wusste ich. Und dass die Firma Bantle, wie so viele andere auch, unentgeltlich half. Denn es ging eben doch vielen Menschen nahe, dass Krystyna hier wegmusste. Krystyna, die anderen Menschen immer eine Heimat war, verlor wieder einmal ihre eigene. Die Hochachtung vor ihrer Menschenliebe zeigte sich an den vielen Umzugshelfern. Die freiwillige Feuerwehr war da und Freunde aus nah und fern. Überall waren emsige Helfer und Helferinnen mit dem Abbau der Hofanlage beschäftigt. Alles, was Krystyna aufgebaut hatte, musste wieder abgebaut werden.

Emil Moosmann erzählte: »Das sind meine Kameraden von der Feuerwehr Fluorn-Winzeln. Als ich die gefragt habe, ob sie mir helfen, war sofort die Zusage da. Das machen wir Krystyna zuliebe. Überall, wo ich angefragt habe, ob sie helfen oder unterstützen, waren alle gleich dabei. Ob es der Flaschner war fürs neue Reiterstübchen oder der Sand für die Reithalle. Eine wirklich ganz, ganz großzügige Spende, der Sandtransport. Da haben alle gesagt, wir müssen der Frau helfen. Trotzdem ist uns Helfern irgendwann mal fast die Luft ausgegangen. Wir waren alle auf dem neuen Hof mit dem Aufbau beschäftigt. Bis zum Anschlag. Den Umzug ziehen wir jetzt aber durch. Es freut mich einfach, wenn ich sehe, auf wie viele Leute man sich verlassen kann. Das ist das Schöne an der Sache.«

Krystyna war sichtlich angespannt und sagte nur im Vorbeigehen etwas zu mir. »Den Pferden ist es nicht ganz so wohl. Dem Hund. Alle sind ein bisschen durcheinander, aber das ist halt der Lauf des Lebens. Ich hab es mir zwar anders vorgestellt, aber es ist jetzt so.«

Flugs war sie wieder weg. Ich wusste genau, was in ihr vorging. Sie war untröstlich über den Abschied. Aber etwas später traf ich sie in ihrer alten Futterkammer wieder, und sie war etwas gesprächiger.

»Auf dem neuen Hof hab ich nicht mehr so viel Platz, da kann man nicht mehr so viel aufstellen wie hier. Aber ich brauch auch nicht mehr so viel, weil ich ja nicht mehr so viele Pferde habe. Wir müssen alles abbauen, der Hofbesitzer will alles wieder leer haben. Alles zurückbauen. So wie sein Rechtsanwalt bei der Gerichtsverhandlung gesagt hat, bleibt es vorerst leer stehen. Er will seine Ruhe. Will abschließen mit dem Ganzen. Das ist hart für den schönen Betrieb, den wir hier gehabt haben.

Gut, der Hof ist nicht ganz leicht zu bewirtschaften. Da müsste man viel investieren, um das etwas leichter zu machen.«

Und das war noch schwer untertrieben. Der Hof lag zwar wunderbar idyllisch in einem Landschaftsschutzgebiet, aber eben auch in einem Tal, das in den Wintermonaten ein echtes Eisloch war. Auch lagen die Gebäude nicht ebenerdig, sondern es war alles bergig. Alles nur geschottert und uneben. Mich hatte es nicht verwundert, dass Krystyna gestürzt war. Für jemanden, der nicht besonders gut zu Fuß war, war der Hof eine Herausforderung. Auch für die MS-Patienten war das Gelände nicht ideal. Auf dem neuen Hof würde das alles wegfallen und dadurch hoffentlich für Krystyna einfacher werden. Das dachte ich nur bei mir, sprach es nicht aus. Dazu war später irgendwann noch ausreichend Zeit.

Krystyna fuhr fort: »Aber dadurch, dass ich immer so viele Helfer hatte und selber eine Freude hatte an der Natur, ist es bei mir immer gegangen. Solange ich es noch kann. Ich hab gehofft, dass ich meinen Siebzigsten hier noch feiern kann und dann langsam meine Ruhe hab.«

Sie weinte jetzt wieder, und ihr liefen die Tränen nur so runter. Sie wollte ihre Ruhe haben, aber es war unmöglich, ihr das zu erfüllen. Denn von Ruhe konnte die nächste Zeit keine Rede sein. In wenigen Tagen musste sie hier raus sein. Alles musste aufwendig zurückgebaut sein, weil der Besitzer unerbittlich war. Krystynas Rollstuhl von ihrem Unfall lag in einem der Müllcontainer, die auf dem Hof zur Entsorgung bereitstanden. Er erinnerte, glaube ich, nicht nur mich daran, wie viel Krystyna schon gepackt hatte. Sie würde auch diesen Umzug noch schaffen.

Aber die große Frage stand im Raum: Würden alle mitkommen? Alle Helfer und Helferinnen, alle Gruppen, ihr ganzes Netzwerk, die Reitschülerinnen und Reitschüler?

Umzug mit Fernsehteam

»Kannst du auf dem neuen Hof wieder alles installieren? Vor allem deinen Lift?«, fragte ich ein wenig später in der alten Reithalle, die bis zum Abtransport als provisorisches Zwischenlager für Sättel und anderes diente.

»Das geht. Da ist alles vorbereitet. Da war ich drüben.«

»Kannst du da weiter so arbeiten wie gewohnt? Klappt das?«

»Mit dem Behindertenreiten auf jeden Fall. Da ist der eine Vorteil, dass die Halle etwas größer ist. Gut, meine Leute haben das im Freien auf dem Reitplatz sehr ausgenutzt, weil sie daheim im Rollstuhl häufig in Innenräumen sind. Die Natur hat gelockt. Die Blumen, die Wiesen, die anderen Pferde auf den Koppeln drum rum.

Und das wird fehlen. Aber es wird auch wieder gehen. Ich muss mich umstellen. Alle müssen sich umstellen.«

»Kommen alle nach wie vor? Was haben deine Leute gesagt?«

»Verlieren werde ich auf jeden Fall welche. So wie ich es bisher absehe, bleibt ein Drittel weg. Die anderen probieren es. Ich kann es nicht sagen, wie es sich entwickelt.«

»Vielleicht kommen ja auch neue dazu?«

»Das glaube ich weniger, weil dort der Reitverein stark etabliert ist, und da ist eine junge Frau, die den Unterricht auch sehr gut macht. In Dornhan haben viele Leute auch noch ihre Pferde privat stehen, weil es nochmal ländlicher ist. Aber egal. Wenn es weniger ist, ist es weniger.«

»Du hast ja auch weniger Pferde.«

»Das macht auch etwas aus. Deshalb mache ich auch keine Werbung. Die vier Hengste, gut, da konnte nicht jeder darauf reiten. Aber Nesrin fehlt mir sehr. Sie war eines meiner besten Therapiepferde. Auch noch im besten Alter und eigentlich fit.«

Die Stute Nesrin musste nur wenige Tage vor dem Umzug eingeschläfert werden. Sie hatte einen bösartigen Tumor am Auge, den Krystyna in der Tierklinik noch entfernen ließ. Aber der Krebs machte weiter, in den Kopf des Pferdes hinein, und Nesrin hatte vermutlich starke Schmerzen. Der Tierarzt hatte noch vor der OP gewarnt, dass er nicht wusste, ob sie einen Transport und den Umzug überhaupt überstehen würde. Von der neuen Umgebung ganz zu schweigen. Krystyna litt unter der Entscheidung sehr, aber für Nesrin war es das Beste. Das wussten alle. Aber natürlich würde sie fehlen. Und natürlich machte das den Umzug noch härter, wenn man auch noch um eines seiner Pferde trauerte.

Zwei Frauen in meinem Alter kamen in die Reithalle und wollten anpacken. Sie waren schon seit dem frühen Morgen da, aber ich hatte sie bisher noch nie gesehen. Krystyna stellte sie mir vor.

»Zwei treue Seelen. Zwei Schwestern. Martina und Manuela, die haben auch als kleine Mädchen das Reiten bei mir gelernt.«

»Das war 1972/73«, sagte die eine. »Krystyna hat uns immer wieder begleitet. Unser erstes Pferd war bei ihr im Urlaub. Da ist es dann mal richtig eingeritten worden. So richtig erzogen. Das war dann ganz toll zu reiten. So haben wir eigentlich immer wieder Kontakt. Alle paar Wochen sind wir hier.«

»Das war eine schöne Zeit«, sagte Krystyna. Und ich war wieder einmal erstaunt, was für tolle Menschen Krystyna doch im

Die beiden Schwestern Martina und Manuela haben als Kinder bei Krystyna reiten gelernt

Laufe ihres bewegten Lebens kennengelernt und auch als Freunde behalten hatte.

»Siehst du, Krystyna, alle deine Leute kommen und helfen dir, wenn es darauf ankommt. Für jeden würden sie das nicht machen.«

Abgebauter Reitplatz auf dem alten Hof

Ich traf eine von Krystynas engsten Vertrauten wieder. Beate Haberstroh war bisher immer mit dabei gewesen, häufig auch mit ihrem Fotoapparat.

»Wie war denn die letzte Zeit mit Krystyna?«, fragte ich.

»Zum Teil anstrengend. Sie hängt halt an dem Hof. Was schlimm war, war der Verkauf von den vier Pferden. Dann noch, dass wir uns von Nesrin verabschieden mussten.«

Sie weinte. Wie Krystyna vorher auch, als sie das erzählte. Dann sprach sie weiter, sich um Fassung bemühend.

»Das Ganze ist sehr emotional. Wenn man jetzt so da steht und sieht, wie alles abgebaut wird, es ist einfach wehmütig. Jetzt müssen wir mal gucken, was die Zukunft bringt. Wie es läuft in Dornhan auf dem Eschenhof. Wir hoffen, dass die ganzen Leute, die hier mitgeholfen haben, bei der Stange bleiben. Dass der alte Stamm zusammenbleiben kann. Wir hoffen, dass es einigermaßen weiterlaufen kann so wie hier. Das ganze Drumrum ist halt nicht wie hier. Wir haben sehr wenig Koppelfläche. Die Pferde sind es gewohnt, dass sie ihren Auslauf haben. Es ist beengter. Man muss es jetzt sehen, wie sich die Pferde einleben. Die ersten paar Wochen werden kritisch werden, bis sie einigermaßen angekommen sind.«

»Und denkst du, dass es Krystyna packt?«

»Ich hoffe es. Sie hat in ihrem Leben schon so viel gepackt. Sie weiß, sie ist nicht alleine. Wenn wir zusammenhelfen, dann denke ich, dass wir es schaffen. Irgendwie. Sie hat ja noch ihre restlichen Pferde. Sie sagt immer, wenn es meinen Tieren gut geht, dann geht es mir auch gut.«

So trennten wir uns am ersten Umzugstag. Für den nächsten Tag stand der Umzug der Pferde an. Natürlich spürten es alle acht schon, dass etwas im Gange war.

Am nächsten Tag ging es also los. Die Pferde wurden verladen. Immer zwei in den Hänger. Hengst Onaka ging brav mit seiner Krystyna mit. Im Hänger fuhr er als einer der ersten von acht verbliebenen Pferden in die neue Heimat.

Auf dem Eschenhof angekommen, wurden die beiden Hengste ausgeladen und unter etwas Aufregung in ihre neuen Boxen gebracht. Dann stand Hofbesitzerin Marianne Ruthardt da und begrüßte Krystyna herzlich.

»Guck mal, was ich dir gekauft hab. Weißt du, was das ist?«

»Ein Schutzengel.«

»Ich pass auf dich auf. Ich hab lange überlegt, was ich dir kaufen könnte. Ich hab dir noch einen ganz kleinen Segen. Keinen Tag soll es geben, an dem du sagen musst, niemand ist da, der mich hält. Keinen Tag soll es geben, an dem du sagen musst, niemand ist da, der mich schützt. Keinen Tag soll es geben, an dem du sagen musst, niemand ist da, der mich liebt. Der Friede Gottes sei mit dir. Das wünsche ich dir von Herzen.«

»Danke schön.«

Die umstehenden Helfer und Helferinnen klatschten und strahlten. Krystyna war das alles sichtlich eine Nummer zu viel. Sie konnte damit nicht umgehen. Außerdem war sie angespannt wie ein überspannter Bogen. Solange nicht alle ihre Pferde auf dem neuen Hof waren, konnte sie einfach nicht loslassen.

Auf dem Eschenhof wurde gleichzeitig Krystynas Ausrüstung für die Pferdetherapie ausgeladen und aufgebaut. Hier war ja in den letzten Wochen und Monaten sehr vieles neu aufgebaut worden. Spitz auf Knopf war alles bezugsfertig geworden – dank Krystynas Verein, der Hofbesitzer und vieler Sachspenden. Ein Kraftakt für alle Beteiligten.

Mit dem Hänger ging es wieder zurück auf den alten Hof. Und mittlerweile wurde es hier richtig leer. Mit jeder Fahrt wurden es weniger Pferde. Die zurückbleibenden wurden immer nervöser. Beim Verladen der letzten beiden Stuten lagen die Nerven blank. Bei Mensch und Pferd. Und Hofhund Lilli. Die Hündin spürte all die Aufregung und wollte helfen, indem sie die Stute antrieb, die partout nicht in den Hänger gehen wollte.

Krystyna schrie, wie ich sie noch nie schreien gehört hatte: »Lilli!!! Vorsicht, dass sie nicht hinten ausschlägt!«

Denn in der Nähe stand ein Container, und womöglich hätte sich das Pferd daran verletzt. Minutenlang ging es hin und her. Aber schließlich schafften es alle Beteiligten doch noch, beide Stuten zu verladen.

Und mir schien es, als ob Krystynas Pferde so wenig die Heimat verlassen wollten wie sie.

Dann ging alles sehr schnell. Keine Zeit für den großen Abschied. Der Hänger fuhr los und mit ihm Krystyna. Wo ihre Pferde waren, war auch sie. Das hieß, mit dieser letzten Fahrt war der Abschied endgültig. Jetzt war ihr Lebensmittelpunkt endgültig nicht mehr auf dem Staffelbachhof.

Die Stuten wurden in der neuen Heimat schon sehnsüchtig erwartet. Ihre sechs Artgenossen wieherten zur Begrüßung beim Ausladen. Es war ein großes Hallo. Alle Pferde waren sehr durchgeschwitzt und aufgewühlt, aber sie waren wieder beieinander.

Jetzt waren alle Pferde, der Hund und Krystyna auf dem Eschenhof. Große Aufregung noch immer rundum, aber keine Verletzungen. Der Umzug war gut gegangen. Die erste Erleichterung trat bei Krystyna und ihren Helfern ein. Und auch bei mir.

»Aufregend?«

Der neue Stall ist noch fremd

»Schon ein wenig. So wie für die Pferde auch. Die müssen jetzt erst einmal gucken, wo sie daheim sind.«

»Und du auch.«

»Ich war jetzt oft genug auf dem Hof. Ich weiß es. Jetzt muss ich einfach gucken, wie alles wird. Rom ist auch nicht an einem Tag erbaut worden. So muss man jetzt noch eines nach dem anderen machen. Nachbessern, aufbauen, herrichten. Dass sich alles wieder wohl fühlt. Das geht nicht von heute auf morgen. Das war jetzt eh alles ein bisschen ein Akt, bis alles jetzt so gestanden ist. Von der Zeit her hatten wir viel Druck. Aber jetzt ist es rum.«

»Deine Pferde merken das ja auch, dass du aufgeregt bist.«

»Klar. Obwohl ich es verdrängen kann. Und das merken sie auch. Wenn die alle zusammen sind und friedlich, dann bin ich zufrieden. Es ist halt alles eine Familie: die Pferde, die Kinder, die Erwachsenen. Das ist für mich viel wert. Alle wieder beieinander. Die ganze Familie.«

Wir gingen zusammen in den großen Paddock der Stuten und des Wallachs. Sobald Krystyna mittendrin war, wälzte sich bereits das erste Pferd. Offenbar fühlte es sich dazu sicher genug. Mein Kamerateam und ich wurden mal wieder abgedrängt, aber das kannten wir ja bereits. Kamerafrau Bettina lachte nur darüber, obwohl es ihr anfangs mit den großen Tieren, die so aufgeregt waren, nicht ganz wohl gewesen war.

Alle wieder beieinander. Das war für Krystyna erst einmal das Wichtigste. Nachdem hier alles auf bestem Wege war, konnte ich mich verabschieden. Krystyna musste sich auf dem neuen Hof erst einmal einleben. Ich machte mich erneut auf Spurensuche. Krystyna zeigte ich das alles hinterher.

Offizielle Stellungnahmen

Krystyna war inzwischen durch unsere Berichterstattung schon zu einer kleinen Berühmtheit geworden. Unglaublich viele Menschen hatten uns auf sie angesprochen, hatten auch mit ihr Kontakt aufgenommen. Meine Kollegin und ich hatten uns auch in die Geschichte der Heimerziehung eingelesen. Dabei waren wir auf das Engagement des baden-württembergischen Ministers für Soziales und Integration aufmerksam geworden. So kam auch ein Termin mit ihm zustande. Im Ministerium traf ich Minister Manne Lucha. Ihm lag das Thema Heimerziehung persönlich sehr am Herzen. Es hatte sich einiges getan in Sachen Aufklärung von Missständen, seit ich das erste Mal Krystyna getroffen hatte. Und darüber wollte ich gerne mit ihm reden.

»Wir haben ja einen Film gemacht über Krystyna Laskowski, die Pferdeflüsterin. Haben Sie den Film gesehen, und wenn ja – was hat es mit Ihnen gemacht?«, fragte ich ihn zum Einstieg.

Von seiner Pressesprecherin hatte ich ja bereits erfahren, dass er wusste, wer Krystyna ist, dass er den ersten Film angeschaut hatte. Er überraschte mich mit seiner Antwort aber doch.

»Wenn ich das so sagen darf, ich habe mich spontan in sie verliebt. Sie hat sofort eine Ausstrahlung gehabt. Es war ja ein sehr schöner, ein sehr tiefer Film. Ob ihrer Geschichte umso beachtlicher. Es hat mich sehr berührt.«

»Unsere Krystyna Laskowski war ja ein Heimkind. Sie haben jetzt vor knapp einem Jahr den Bericht zur Aufarbeitung der Heimerziehung in Baden-Württemberg vorgelegt. Warum war Ihnen das so wichtig?«

»Der Staat dieser Zeit ist in den staatlichen, aber auch in den anderen Heimen seiner Fürsorgepflicht, gerade für die, die die Hilfe ja am deutlichsten brauchten, weil sie zuhause keine Fürsorge hatten, in keinster Weise gerecht geworden. Ganz im Gegenteil. Es wurden sogar Methoden und Vorgehensweisen gestützt, wenn nicht sogar gefördert, die mit Erniedrigung, mit Herabwürdigung, mit körperlicher Gewalt, sexualisierter Gewalt zu tun haben. Alles das, was wir wollen und wünschen, ist, dass das niemandem widerfährt. Darum ist es für mich heute als verantwortlichen Minister wichtig, darauf aufmerksam zu machen. Die Aufarbeitung, auch die Entschädigung, die Entschuldigung. Aber auch daraus lernen, dass so etwas nicht wiederkommt. Und das auch den Menschen direkt zu vermitteln, die ja zum Teil ganz harte Biografien haben – manche sind auch daran wirklich zerbrochen. Andere müssen mit chronischen Erkrankungen dauerhaft leben. Im Film selbst wurde ja eine Persönlichkeit gezeigt, der man wirklich ganz Schlimmes zugefügt hat, die aber gesagt hat, von euch lass ich mich nicht unterkriegen. Und auch das ist eine Botschaft. Man muss sich mit ihr solidarisieren, und man muss ihr stellvertretend für viele andere über diesen Film auch ein ehrendes Andenken bewahren.«

»Sie ist ein Mensch, der gar nicht nachtritt. Sie haben sich persönlich bei den Heimkindern im Namen des Landes entschuldigt. Wie ist das angekommen?«

»Wie es angekommen ist, weiß ich nicht. Ich glaube schon, dass es wichtig war, sich offiziell zu entschuldigen. Auch wenn viele Geschehnisse schon fünfzig oder vierzig Jahre her sein mögen: Wir sind heute die Verantwortlichen in dieser Rolle, und wir müssen uns für ein absolutes Versagen des Staates entschuldigen. Das ist das Mindeste, was wir tun können. Die ganze Belastung der Menschen können wir ohnehin nicht mehr gutmachen.«

»Es gibt ja Stimmen, dass das ein bisschen spät gewesen sei.«

»Das ist so mit der Aufarbeitung von Leid und Unrecht. Das kommt häufig sehr spät. Weil es gerade bei den Heimkindern auch Personen waren, die sich lange nicht gemeldet haben. Die sich ja auch geschämt haben, das kommt noch dazu. Die auch noch gemeint haben, sie sind eh schon diskriminiert, sie wollen nicht weiter auffallen. Die eh gekämpft haben, um die Nase über dem Wasser zu halten.«

Zum Abschied erzählte er mir noch, dass er Krystyna gerne ins Ministerium einladen wollte. Ich merkte an, dass es schwer war, Krystyna von ihren Pferden loszueisen, dass sie womöglich nicht kommen würde und er sie vielleicht besser auf dem Hof besuchen sollte. Aber er wollte gerne die Einladung aussprechen, um ihr diese Anerkennung zuteilwerden zu lassen. Und da war ja auch etwas dran. Ich hoffte also, dass Krystyna, wenn es denn so weit war, bereit wäre, nach Stuttgart zu fahren.

Vom Ministerium aus fuhr ich weiter – nach Korntal. Dahin, wo Krystyna im Kinderheim der Brüdergemeinde aufgewachsen war, wo sie so viel Schreckliches erlebt hatte. Klaus Andersen, der weltliche Vorsteher, war bereit, mit mir zu reden.

Fast seit Anfang der Dreharbeiten waren wir an der Brüdergemeinde dran, hatte meine Kollegin Simone Heyder versucht, ein Interview zu vereinbaren. Erst jetzt hatte es für beide Parteien geklappt. Die Brüdergemeinde hatte eine schwierige Zeit hinter sich, und ich verstand auch, dass wir nicht vorher einen Termin erwirken konnten, da die Angelegenheit wirklich sehr diffizil war. Das hatte ich ja durch Krystyna auch schon erfahren. Dass einige der ehemaligen Heimkinder durch ihre schlimmen Erfahrungen nur das Schlechteste erwarteten.

Ich war für das Gespräch an diesem Tag bestens vorbereitet mit Fragen, die vorher abgeklärt und genehmigt worden waren. Eine leichte Anspannung war sogar bei mir aufgekommen, obwohl ich schon Gott und die Welt interviewt hatte. Aber dieses Thema war besonders heikel, die Gemüter waren besonders aufgeheizt, und das Thema war für mich inzwischen auch eines, das mir sehr nahe ging.

Aber Klaus Andersen begegnete mir und dem Team gleich aufgeschlossen. Ich hatte große Hoffnungen, dass er mir nicht nur mit Worthülsen antworten würde. In Korntal trafen wir uns in den Räumen der Brüdergemeinde.

»Sie haben vor einem knappen Jahr den Bericht vorgelegt zu den Missbrauchsfällen in der Brüdergemeinde hier in Korntal. Wie kam es denn zu dieser Aufarbeitung?«, fragte ich zum Einstieg, ganz wie abgesprochen.

»Nachdem sich Betroffene bei uns im Werk gemeldet haben und uns darüber informiert haben, was sie Schreckliches in unseren Einrichtungen erlebt haben, haben wir den Entschluss gefasst, dass wir alles auf dem Tisch haben wollen. Dass wir alles wissen wollen. Und wir haben dadurch einen Aufarbeitungsprozess initiiert. Und deswegen haben wir im Sommer 2018 auch den Abschlussbericht dieser Aufklärung der Öffentlichkeit präsentiert.

Wenn man überlegt, wann das passiert ist, in den fünfziger, sechziger und siebziger Jahren, und wir das jetzt erst in den Jahren 2015 bis 2018 aufgearbeitet haben, ist das natürlich eine sehr lange Zeit. Trotz alledem – nachdem das angezeigt worden ist, was hier in den Kinderheimen passiert ist, haben wir sehr früh eine klare Position bezogen: Ja, wir wollen diese Aufklärung. Dass so ein Prozess über drei Jahre dauert, hat natürlich wichtige Gründe. Wir wollten an dem Prozess unbedingt auch Betroffene beteiligen. Partizipation war uns von Anfang an wichtig. Hier in Korntal gab es unterschiedliche Betroffenengruppen, es gab natürlich auch Eigendynamiken und Wendungen, die mit zu berücksichtigen waren. 105 Interviews sind in den Aufarbeitungsprozess eingeflossen. Wir wollten, dass das unabhängig, kompetent und fundiert aufgearbeitet wird. Da kann es keinen Schnellschuss geben. Wir können verstehen, dass es für viele Betroffene zu lange gedauert hat. Sie sind ja auch in einem gewissen Alter. Auf der anderen Seite wollten wir auch die Situation und die Aufklärung wirklich ernst nehmen.«

»Und wie ist die Aufarbeitung angenommen worden?«

»Wir haben Rückmeldung bekommen von vielen Betroffenen, dass sie dankbar sind, dass wir diese Aufarbeitung durchgeführt haben. Dass jetzt alle Betroffenen, die sich gemeldet haben, zu Wort gekommen sind, dass sie ihren Beitrag dazu leisten konnten. In allen Aufarbeitungsprozessen in Deutschland erleben wir, dass es ohne Kritik nicht geht. Das haben wir immer als Ansporn genommen, diesen Aufarbeitungsprozess gerade deswegen auch zu Ende zu führen.«

»Leid kann man nicht mehr ungeschehen machen, man kann nur um Vergebung bitten. Wie ich heute hier gelernt habe. Schöne Formulierung – darum zu bitten. Aber ungeschehen kann man es nicht mehr machen, also was kommt jetzt nach der Aufarbeitung?«

»Wir sind hier im Aufarbeitungsprozess in mehreren Phasen unterwegs. Wir sind jetzt in der letzten Phase angekommen, wo wir sagen, wir lernen, damit zu leben. Das hat für uns eine ganz tiefe Bedeutung. Nicht nur, dass wir uns mit einem Aufklärungsbericht dem stellen, was passiert ist, sondern dass wir auch diese Umstände in Erinnerung halten, dass wir noch viel mehr als vorher an einem erweiterten und verbesserten Präventions- und Schutzkonzept in unseren Einrichtungen arbeiten.

Und dass wir natürlich auch in dieser Aufarbeitung – die aus unserer Sicht nie enden wird – dieses Thema Missbrauch auch leben im Sinne von in der Auseinandersetzung mit Betroffenen, im Gespräch zu sein und überall dort, wo Betroffene bei uns vorbeikommen, das Gespräch suchen.«

»Da gibt es ja natürlich auch welche, die vollkommen unversöhnlich sind. Die natürlich auch heute noch auf alle, die nur mit der Brüdergemeinde in irgendeiner Form im Zusammenhang stehen, furchtbar reagieren, wenn sie solche Menschen treffen. Frustriert Sie das manchmal, dass da solch eine absolute Abwehrhaltung da ist?«

»Ich habe Respekt vor den Einzelnen, die sagen, das reicht mir noch nicht. Ich kann euch, auch wenn ihr authentisch um Vergebung bittet – das haben wir gelernt von den Betroffenen, das so zu formulieren –, für den Moment noch nicht vergeben. Das respektieren wir. Das ist eine Entscheidung, die jeder Betroffene für sich selber treffen wird.«

»Unsere Pferdeflüsterin Krystyna Laskowski ist ein Mensch, der sehr versöhnlich ist. Sie haben den Film gesehen? Wie haben Sie sie erlebt?«

»Also, ich kann Ihnen nur recht geben. Für mich ist es beeindruckend, wenn Frau Laskowski so viel Mut und Kraft hat, ihr Leben zu gestalten, bei all dem, was sie erfahren hat. Für sich einen Weg zu finden, mit dieser Situation umzugehen, und dadurch ja sogar noch anderen wieder hilft. Das ist für mich beeindruckend, und da hab ich hohen Respekt. Und ich bin dankbar auch für solche Zeugnisse, die es gibt und die sicherlich anderen Betroffenen Mut machen, dass sie in ihrem Leben weitergehen. Und auch aus dieser Situation gestaltend etwas machen können. Ich bin wirklich beeindruckt. Das würde ich ihr auch gerne persönlich sagen.«

»Sie würde nicht nach Korntal kommen wollen. Auf keinen Fall. Aber sie hat nach dem ersten Film einigen ihrer Mitbewohner im Kinderheim sagen müssen: Mensch, nicht alles war furchtbar, und versucht, auch mit dem zurechtzukommen, was ihr jetzt noch als Leben habt, beziehungsweise auf dem wieder aufzubauen.«

Gemeinsam das Interview im Reiterstüble anschauen

Auf dem neuen Hof

Nach diesem Gespräch, das auch für mich aufwühlend war, fuhr ich mit meinem Team zu Krystyna. Seit sie eingezogen war, war ich noch nicht hier gewesen. Es waren einige Wochen ins Land gegangen.

Zuerst einmal führte ich ihr vor, was ich im Gepäck hatte: das Interview mit Klaus Andersen. Krystyna saß im Reiterstübchen neben mir und war angespannt wie selten. Meine Kamerafrau Bettina hatte einen Monitor aufgebaut, wo wir das ungeschnittene Material anschauen konnten.

»Krystyna, ich war in Korntal und habe dort den weltlichen Vorsteher Klaus Andersen kennengelernt. Meiner Meinung nach ein sehr interessanter Mensch mit guten Ansichten. Guck mal, was ich da gefragt habe.«

Und dann drückte ich auf Play. Wir schauten gemeinsam das ganze Interview. Krystyna war sichtlich gerührt, bewegt und auch aufgewühlt. Gegen Ende musste sie weinen.

»Tut mir leid, dass ich dich in deine Vergangenheit führen musste. Was sagst du zu seinen Aussagen?«, fragte ich, nachdem das Interview vorüber war. Ich hatte die ganze Zeit ihre Hand gehalten und ihr die Schulter gedrückt. Wir waren beide ein wenig durch den Wind.

»Sehr gut. Und ehrlich. Das ist ein Mensch, der auch die Hintergründe von den Betroffenen sieht und mitgekriegt hat. Und das macht viel aus. Ich wünschte mir, dass das andere Heimkinder auch sagen könnten.«

»Wie stehst du zur Aufarbeitung?«

»Ich fand es gut, dass sie das gemacht haben, und würde sagen, dass sie da viel erreicht haben. Manche Heimkinder haben das falsch aufgefasst. Die waren so verbittert und konnten nicht darüber hinwegsehen. Aber ich persönlich muss sagen, ich fand es gut, dass sie es gemacht haben, und auch, was sie gemacht haben. Ich hab nicht viel Kontakt zu alten Heimkindern, aber die Kontakte, die ich habe, außer zwei, die haben es auch für gut befunden. Es ist so: Wir dürfen es nicht übertreiben. Und auch die Heimkinder müssen da mal darüber nachdenken. Weil die Leute, die jetzt noch da sind und mit aufgearbeitet haben, die können nichts dafür. Die meisten von den Tätern sind ja schon verstorben. Deshalb sollte man das auch mal ein bisschen gut sein lassen. Das ist vorbei, man hat es geschafft, und die Aufarbeitung war wichtig, dass man dahinter gekommen ist, was es gewesen ist und dass die Kinder da zum Teil gelitten haben. Aber es waren einfach auch Nachkriegszeiten, und da hat es auch in vielen Familien Dinge gegeben, die auch nicht in Ordnung waren.«

Das war wieder Krystynas ganz besondere Sicht auf die Dinge. Ihre Art, damit umzugehen, die nicht für alle Menschen passend war oder auch einsichtig.

»Dafür, was du alles mitmachen musstest, bist du unglaublich versöhnlich und großherzig. Du gehst damit sehr offensiv in die Zukunft mit deinen Aussagen: Ihr müsst lernen, damit zurechtzukommen.«

»Ist auch wichtig. Sonst kommen sie nicht drüber hinweg.«

»Wie hast du das geschafft?«

»Ich würde sagen, durch meine Tiere und durch den Kontakt mit den Kindern und Jugendlichen und Behinderten und den Erwachsenen, die immer um mich rum sind. Das Teilen und das Miteinander, das habe ich im Heim gelernt. Es war nicht alles schlecht. Es gibt viele Dinge, die man woanders nicht gelernt hätte. Das begleitet mich durchs Leben. Das Genügsamsein, Zufriedensein, Arbeiten. Das gehört einfach zum Leben dazu. Und aus dem, was man hat, einfach das Beste machen. Dann geht es einem gut.«

»Das ist eine ganz einfache Formel, die du sagst.«

»Nach der habe ich immer gelebt und an die habe ich mich gehalten. Es ist nicht immer gegangen. Ich habe auch schon Tiefpunkte gehabt. Ganz arg. Aber ich habe mich immer wieder daran aufgebaut.«

Das erlittene Leid konnten die Entschuldigungen des Ministers und der Brudergemeinde nicht wiedergutmachen, aber ich fand, Krystyna hatte ein Recht, das zu hören. Auch wenn es sie mal wieder aufgewühlt hatte, es hatte ihr auch viel gegeben, und ich war froh, ihr die Aufnahmen gezeigt zu haben.

Dann ging der Alltag auf dem Hof für Krystyna wieder weiter. Denn Arbeit gab es immer genug. Und damals dann auch für mich.

»Im Großen und Ganzen bin ich zufrieden. Es muss auf den Winter noch einiges gerichtet werden. Es ist alles im Werden«, erklärte Krystyna, als wir bei den Pferden standen und Heu verteilten.

»Und du hast dich wirklich auch hier so eingelebt, dass du jetzt sagen kannst, hier bin ich jetzt daheim?«

»Ganz daheim noch nicht. Aber es wird.«

»Es ist ja auch erst der dritte Monat. Haben sich die Pferde auch eingelebt?«

»Im Großen und Ganzen kommt es jetzt wirklich.«

Krystyna sieht positiv in die Zukunft

»Würdest du manchmal auch gerne in der Nacht bei ihnen schlafen?«

»Das habe ich in jungen Jahren viel gemacht.«

Und ganz ehrlich: Krystyna tat das heute noch, auch wenn sie es vor der Kamera nicht zugab. Wenn eines ihrer Pferde krank war, ging Krystyna nicht weg. Sie blieb selbstverständlich in der Box und überwachte es.

»Für meine Kinder ist das Höchste, wenn sie bei den Pferden in der Box schlafen dürfen im Sommer.«

»Ist das nicht gefährlich?«

»Meine Pferde sind so menschenbezogen, dass da nichts passiert. Da ist noch nie etwas passiert. Hier habe ich es jetzt noch nicht gemacht. Das kommt vielleicht auch noch. Wahrscheinlich kommt das daher, dass ich die alle selber gezogen habe. Wenn sie als Fohlen auf dem Boden neben der Mutter liegen, haben sich die Kinder auch immer danebengesetzt und sie gestreichelt. Die sind das einfach gewöhnt. Die wissen, dass ihnen nichts passiert, und dann haben die auch keine Furcht, wenn der Mensch kommt und sie liegen.«

»Hast du ein Pferd, das dir besonders am Herzen liegt?« Ich wusste ja, dass die verstorbene Stute Nebraska, die sie vor dem Schlachter gerettet hatte, so etwas wie ihr Seelenpferd gewesen war. Als ich diese Frage vor zwei Jahren schon einmal gestellt hatte, hatte sie mir gesagt, dass alle ihre Pferde ihr am Herzen lagen. Ich war gespannt, ob ich dieses Mal eine Antwort erhalten würde. Aber wer von den verbliebenen acht ihr Favorit sein könnte, wusste ich nicht. Tatsächlich erhielt ich eine Antwort.

Krystynas Araber leben sich so langsam ein

»Die beiden alten Hengste. Onaka und Nesko. Onaka ist der Stammvater von allen meinen Pferden hier. Er ist 31. Er hat inzwischen einen Senkrücken und kann nicht mehr geritten werden. Er bekommt eine schöne Rente bei mir. Und Nesko ist der letzte Sohn, den ich noch von ihm habe. Alle anderen habe ich verkauft.«

»Und Nesko nimmst du auch zum Therapiereiten?«

»Vor allem für schwierige Kinder. Kinder, die Hemmungen haben, etwas zu machen, oder solche, die aggressiv sind. Weil er sehr sensibel ist. So kräftig er aussieht, aber er ist ein ganz, ganz Sensibler, und er formt die Kinder ein bisschen. Er schubst sie vorsichtig an, wenn sie zu grob sind. Oder wenn sie gar nicht kommen und Angst haben, geht er vorsichtig hin und nimmt ganz vorsichtig etwas aus der Hand. Der ist da ganz toll. Jedes Kind nimmt er, wie es ist.«

»Manche würden jetzt vielleicht sagen: Therapiereiten mit einem Hengst, das geht gar nicht.«

»Das haben schon viele zu mir gesagt. Aber es geht.«

Mehr sagte sie in ihrer Bescheidenheit gar nicht dazu, und wir hatten ja auch schon mal darüber geredet. Aber ich dachte mir immer, dass Krystyna ganze Pferdehandbücher schreiben sollte.

»Was sagst du eigentlich dazu, dass wir dich immer als Pferdeflüsterin bezeichnen? Kannst du mit dem Begriff leben?«

»Ich hab mir da noch nicht große Gedanken gemacht. In dem Sinne ist jeder, der intensiv mit Pferden zusammen lebt, auf seine Art ein wenig ein Pferdeflüsterer. Das würde ich sagen.«

»Na ja, aber deine folgen dir ja quasi wie ein Hund aufs Wort.«

So deutlich musste ich das in dem Moment sagen. Sie grinste vor sich hin, sagte aber nichts dazu.

»Das ist schon was Besonderes«, bestand ich auf meiner Ansicht.

»Ich weiß es nicht«, sagte sie und lachte bescheiden. »Für mich ist es normal.«

»Was kann ein Pferdeflüsterer?«

»Er sieht schon im Voraus, was mit dem Pferd ist. Ob es krank ist, ob es sich wohl fühlt. Was es vorhat. Wie es reagiert beim Reiten. Und dann eben die verschiedenen Typen von Pferden unterscheiden. Das muss man so halten und das wiederum so behandeln. Wie das bei Kindern eine gute Erzieherin macht. Pferdeflüsterer als Erzieher.«

»Das ist ja jetzt Erfahrung bei dir.«

»Fünzigjährige Erfahrung mindestens. In einem Buch kann man die Psychologie von Verhaltensschwierigkeiten und Verhaltensarten lesen und dann abstimmen aufs jeweilige Pferd. Aber das Intensive, das kriegt man nur durch Erfahrung, Beobachtung und viel Zeit mit den Tieren. Ich nehme mir immer wieder Zeit und beobachte meine Pferde. Vor allem am Wochenende. Wie sie sich auf der Koppel geben, wie sie sich unter den Reitern geben. Da merke ich sofort, wo es hapert, wo man aufpassen muss.«

»Dir kann man auch gar nichts vormachen, oder?«

»Nicht so viel. Was Pferde angeht, nicht. Sonst schon.«

Wir lachten darüber. Dann packte ich den vollen Schubkarren mit dem Mist.

»Wo kommt der Mist hin?«

Krystyna wies mir den Weg zum Misthaufen und blieb mit meiner Kamerafrau Bettina zurück. Sie guckte knitz in die Kamera und sagte: »Das ist auch mal schön, zuzugucken, wie jemand anderes den Mistkarren schiebt.«

Sie grinste und sah mir hinterher, wie ich quer über den Hof stapfte. Ich glaube, sie meinte konkret mich. Denn sie hatte ja ein unglaubliches Netzwerk, das auch hier auf dem Eschenhof unermüdlich tätig war.

Und noch war hier nicht alles so, wie es für Krystyna optimal gewesen wäre. Sie hätte gerne mehr Weiden gehabt, als der Eschenhof bieten konnte. Sie suchte noch nach Flächen. Aber für andere Höfe in der Umgebung war der Pflanzenanbau für Biogas einfach lukrativer.

Wir gingen zusammen auf den Paddock raus. Da standen ihre vier weißen Pferde, und wir gesellten uns zu ihnen in die Sonne. Zusammen zogen Krystyna und ich ein bisschen Resümee unserer gemeinsamen Zeit.

»Als wir das zweite Mal bei dir waren und den schönen, großen, langen Film gemacht haben, da haben wir ja was gefunden – deine Geburtsurkunde. Hat sich da jetzt was getan?«, fragte ich und war mir natürlich bewusst, dass ich damit ein heikles Thema anschnitt. Und prompt bekam ich auch einen Schubser von der Stute Nadessa, die neben mir stand.

»Nee, ich hab es einfach so ruhen lassen.«

»Möchtest du auch nichts machen?«

»Nee, eigentlich nicht.«

»Darf ich dich fragen, warum nicht?« In diesem Moment schob sich Nadessa abblockend zwischen Krystyna auf der einen Seite und mich zusammen mit der Kamera auf der anderen. Wieder einer der Augenblicke, die mir zeigten, dass ihre Pferde wirklich auf Krystyna aufpassten. Nadessa zeigte ganz deutlich, wie es Krystyna mit der Frage ging und dass ihr das nicht gefiel. Ich erhielt aber natürlich trotzdem eine Antwort.

»Das sind einfach zu viele Erinnerungen an früher. Von der Kindheit her, die mich immer ein wenig trüb machen. Das möchte ich nicht. Das beschäftigt mich dann immer. Hauptsächlich bei Nacht, wenn ich zur Ruhe komme. Das habe ich einfach gemerkt, das muss ich lassen. Das wirbelt zu viel in mir auf.«

Das konnte ich wirklich verstehen. Und damit ließ ich das Thema auch fallen.

»Ich war gestern beim Sozialminister von Baden-Württemberg, beim Manne Lucha, und er möchte dich gerne einladen ins Ministerium. Und er möchte auch gerne hierherkommen.«

»Hierherkommen kann er, aber ins Ministerium muss ich nicht unbedingt.«

»Kein Mensch muss müssen.« Und damit ließ ich es gut sein. Sie würde nicht ins Ministerium gehen. Das war mir klar. So ist sie eben auch, die kleine Pferdeflüsterin: stur.

»Ach, meine Krystyna. Weißt du, ich sag dem Herrgott Danke schön. Dass ich dich kennenlernen durfte, weil man von dir so viel lernen kann. Nicht bloß die Pferde und die kleinen Kinder, auch die ganz normalen, erwachsenen Menschen können lernen, mit dem zufrieden zu sein, was sie haben.«

»Das ist das Wichtigste.«

»Ich freu mich ganz arg, dass wir zwei so ein Vertrauen ineinander haben.«

Ich küsste sie auf die Stirn und drückte sie an mich.

Wir gingen wieder raus auf den Hof und trafen dort die beiden Vorstände unseres Vereins Pferdglück, Emil und Beate. Es war mittlerweile zwischen uns ein schönes freundschaftliches Verhältnis entstanden. Im Hof stehend zogen wir ein Resümee des

Umzugs, vor Krystynas Auto, in dessen Kofferraum ihre Hündin Lilli lag und einen Flunsch zog, weil sie angeleint sein musste, was sie vom alten Hof nicht gewohnt war.

»Wenn man jemandem helfen kann und hat die Möglichkeit, dann sollte man es auch machen«, sagte Emil Moosmann, und diese Haltung gefiel mir so gut an ihm. Und nicht nur mir.

»Die Einstellung hab ich auch. Da passen wir unheimlich gut zusammen«, sagte Krystyna dazu.

Emil fuhr fort: »Weil viele sagen, man sollte, tun aber nichts. Und wenn jemand sagt, das klappt sowieso nicht. Dann sag ich: Habt ihr es schon probiert? Das haben viele Leute zu mir gesagt, zu der Zeit als das Ganze losging. Aber wir haben es doch geschafft.«

Recht hatte er! Und wir waren stolz darauf.

»Was steht als Nächstes an?«, fragte ich Beate Buckenmaier, die Kassenwartin des Vereins.

»Unser Helferfest für alle, die beim Umzug geholfen haben. Das waren über 100 Leute.«

Es war uns allen ein großes Anliegen, das auch gebührend anzuerkennen.

Krystyna gestand inzwischen ein, dass der Umzug sie sehr viel Kraft gekostet hatte. »Ich sag immer, der Mensch weiß gar nicht, was er leisten kann, wenn er muss.«

Wenn es ihren Pferden gut geht, geht es auch Krystyna gut

»Und im Nachhinein denkt man immer, wie hast du das geschafft«, ergänzte Beate Buckenmaier.

Krystyna nickte. »Das denke ich auch oft.«

»Du bist schon ein zähes Luder, du«, lachte ich und tätschelte ihr den Rücken.

»Ja, das bin ich. Ich sag immer, Unkraut vergeht nicht.«

Wir lachten alle darüber.

»Jetzt trinken wir einen Kaffee. Emil hat schon einen aufgesetzt«, sagte ich in die Runde, und wir gingen zusammen ins Reiterstüble.

Stute Nadessa ist ein typischer Araber

Das ganze Drama hatte uns alle zusammengeschweißt. Was sich alles aus unserer ersten Begegnung ergeben hatte …

Ich war bei einer der ersten Stunden auf dem neuen Hof dabei. Die Amselgruppe Rottweil kannte ich ja bereits von früheren Besuchen auf dem alten Hof. Die Therapie für die MS-Gruppe, die schon seit über dreißig Jahren zu Krystyna kam, konnte also weitergehen. Die Aufstiegshilfe war direkt an die neue Reithalle angebaut worden, und die erste Reiterin stieg schon die Treppe hoch, um ihr Pferd zu besteigen. Sie war eine der Jüngeren und Beweglicheren aus der Gruppe.

»Liebe Frau Barbara, wie ist es hier im neuen Domizil?«, fragte ich die Reiterin aus der MS-Gruppe, als sie auf Nesko saß.

»Es ist ganz gut, aber es fehlen die Koppeln für die Pferde. Aber es ist ebenerdig und man kann gut ins Reiterstübchen reinlaufen, wenn man behindert ist. Das ist besser, es geht nicht so steil hoch und ist nicht so steinig. Es hat Vor- und Nachteile.«

»Und was bedeutet für Sie das Reiten?«

»Das ist mir ganz wichtig. Ich hab so arge Spastikschmerzen, und das Reiten lockert, das ist toll. Ich freue mich auch auf die Gemeinschaft. Ich freue mich jede Woche auf den Dienstag. Schön, dass Sie mitgeholfen haben.«

Krystyna klinkte sich ins Gespräch ein.

»Das war jetzt Barbaras größter Wunsch, dass sie die Sonja Faber-Schrecklein mal in echt sieht, nicht nur im Fernsehen. Das hat sie immer gesagt: An dem Tag darf ich nicht krank sein und fehlen.«

Severin Jauch, den ich schon einmal drei Jahre zuvor auf dem Pferd interviewt hatte, war auch wieder da und ließ sich als einer der Ersten mit Krystynas Lift aufs Pferd hieven. Geführt wurde er von Krystynas langjähriger Helferin Bärbel Hermann. Auch sie traf ich an diesem Tag wieder.

Und ganz in ihrem Element: Krystyna. Als die beiden auf ihren Pferden saßen und von ihren Helferinnen geführt wurden, setzte sie sich an den Rand der Reithalle auf einen Monoblockstuhl und gab von dort aus ihre Anweisungen für die Therapie. Klein und zerbrechlich sah sie aus, aber ihre Stimme klang wie ein Megafon durch die Halle, und Mensch und Tier wussten, dass alles auf ihr Kommando hörte.

»Barbara, du sitzt jetzt schön locker. Jetzt darfst du gleich einmal ein paar Übungen zur Lockerung deiner Wirbelsäule machen. Die Arme kreisen. Und auch andersrum. Jawoll. Severin, alles klar? Und wieder festhalten, Barbara. Bärbel, ein bisschen Gas geben, dass Neddor ein bisschen flotter läuft. Severin, gut so?«

Krystyna strahlte, und mir war wieder einmal klar, dass sie wohl nie aufhören würde, anderen zu helfen.

»Du kannst dich da immer sehr gut einstellen auf die Tagesform deiner Therapieleute?«, fragte ich, weil Severin heute nicht ganz fit war, sich von Krystyna aber trotzdem durch Übungen leiten ließ.

»Das ist auch ganz wichtig. Man darf nicht immer das Gleiche verlangen«, erklärte sie mit großer Selbstverständlichkeit. Für die meisten Menschen wäre das wohl keine Selbstverständlichkeit.

»Es ist auch ganz wichtig, dass man von beiden Seiten arbeitet und die Pferde führt. Weil die Patienten immer eine Seite mit mehr Spastik und Lähmung haben. Wenn man dann nur die gute Seite fördert, dann wird die immer stabiler und die andere immer schwächer. Und so können wir es ein bisschen ausgleichen. Das kann man auf dem Pferd leichter als im Rollstuhl oder am Rollator. Barbara kann ja noch am Rollator laufen, und da schont sie immer die eine Seite, die sowieso schwächer ist. Und auf dem Pferd kann ich sie jetzt fordern und sagen: Hey, die andere Seite gehört auch dir. Da muss auch was gehen.«

Es schien sich wirklich wieder alles einzuspielen. Auch wenn auf dem neuen Hof noch einiges zu tun und auszubauen war und nicht alle von Krystynas Gruppen und Reitschülerinnen und Reitschülern den Umzug mitgemacht hatten. Ich war guter Dinge, dass sich alles ergeben würde.

Ausgelassen rennen ist der beste Ausgleich für Therapiepferde

Einzugsfest mit allen Helfern

Am Tag des Helferfests kamen alle aus nah und fern, um mit Krystyna die neue Örtlichkeit offiziell einzuweihen. Es sollte ein Dankeschön sein an alle, die geholfen hatten. Und das waren ja tatsächlich an die hundert Leute. Eine Zahl, die mich bass erstaunt sein ließ.

Emil Moosmann hatte es wieder einmal geschafft, dass auch für dieses Fest sehr viele Spenden zusammenkamen. Zum Beispiel die Würste und Brötchen, die serviert wurden. Und natürlich hatten Krystynas Leute Salate gemacht und Kuchen gebacken. Es wuselte auf dem Hof, und alles war mit Bierbänken einladend gestaltet. Das Reiterstübchen quoll über von Essen.

Ich stand mit Krystyna davor, um uns herum schon einige Gäste.

»Wie viele Helfer haben wir denn, um Himmels willen? Krystyna, da war ja halb Fluorn-Winzeln auf den Füßen.« Und nicht nur Fluorn-Winzeln. Ihre Leute waren aus allen Ecken gekommen und hatten mit angepackt.

»Wir haben ja auch sieben Jahre lang in Fluorn-Winzeln zusammengearbeitet. Da habe ich natürlich gute Freundschaften geschlossen. Die ganzen Jahre, wenn was gewesen ist, haben die immer alle mitgeholfen. Ob das Tag der offenen Tür war oder Weihnachtsfeier, Heu- und Stroherne, da hab ich immer wieder auf Helfer zurückgreifen können. Und die Leute haben auch Besuche bei mir gemacht. Bei mir und den Pferden. Da haben die Leute immer unheimlich Stress abbauen können. Jung und Alt.«

Einweihungsfest auf dem neuen Hof

»Menschen konnten Stress abbauen?«

»Bei den Pferden hauptsächlich.«

»Das ist ja dein Geheimnis, gell? Und das Verrückte ist ja, dass deine Pferde merken, wenn *du* Stress hast. Immer dann, wenn ich dir eine unangenehme Frage stelle, dann macht es *pffrrrr*. Und dann steht ein Pferd zwischen uns.« Diese Beobachtung hatte ich ihr noch nie gesagt.

»Genau.« Sie lachte, als ob sie das eh wüsste. »Wenn wir bei ihnen sind. Jetzt sind wir nicht bei den Pferden, jetzt können sie nichts machen.«

Tränenreiche Ansprache beim Einweihungsfest

Dieses freche Grinsen von ihr sagte alles – dass sie sehr wohl darum wusste und dass ihr das besonders gut gefiel. Ich grinste zurück. Krystyna erzählte weiter, und alle, die um sie herum standen, lauschten eifrig.

»Ich muss gerade mal ein Erlebnis erzählen. Wir hatten mal einen Wanderreiter auf dem alten Hof, auf dem ich ja auch eine Wanderreitstation hatte. Der hat zum ersten Mal alleine einen Wanderritt gemacht, hat ganz kurzfristig angerufen, ob er Station machen kann, weil es kalt und nass wurde. Ich hab ihm ein Lager gerichtet, fürs Pferd und für ihn. Am anderen Morgen ist er weitergeritten. Er war noch unerfahren und das Pferd auch. Und noch dazu war er alleine unterwegs. Das war eine schlechte Kombination. Das hab ich gleich gesagt. Es war dann so, dass er an einer Straße vorbeigeritten ist, wo ein LKW mit flatternder Plane fuhr. Das Pferd hat gescheut, und der Reiter ist heruntergefallen. Das Pferd ist über Kilometer zurückgerannt zu mir auf den alten Hof. Nirgends anders hin. Obwohl es anderswo schon in Ställen war. Der Reiter hat mich angerufen mit dem Handy und mich vorgewarnt. Er würde vermuten, so wohl wie die Stute sich über Nacht gefühlt hätte – sie hatte sich hingelegt, gefressen und gesoffen –, dass sie bestimmt zu mir käme. Und tatsächlich. Das Pferd ist die ganze Strecke durch die Wälder galoppiert, ohne dass etwas passiert ist. Der Sattel und die Packtaschen waren natürlich kaputt. Der Reiter hat das Pferd dann vom Stall nicht mehr weggekriegt. Er hat es mit dem Pferdetransporter holen lassen, weil ich gesagt habe, ich lass dich nicht mehr weiterreiten. Das hat keinen Sinn. Du bist alleine und unerfahren und das Pferd auch.«

Solche Geschichten kamen immer mal wieder zutage, und ich vermutete, dass es noch Tausende gab, die ich noch nicht gehört hatte. Aber so war das eben. Krystyna und Pferde – das war, ist und wird immer eine ganz besondere Verbindung sein.

Krystyna führte die Gäste über ihren Teil des Eschenhofes und führte vor, was alles aufgebaut wurde. Erzählte und erzählte. Sie genoss das Fest sichtlich.

Beim gemeinsamen Zusammensitzen, bei Würstchen, Salaten und Kuchen schwang ich mich schließlich zu einer kleinen Ansprache auf.

»Wir als Vorstand des Vereins Pferdeglück wollen einfach mal sagen, ein herzliches Willkommen auf dem Eschenhof. Paul« – ich meinte damit Paul Ruthardt, den Seniorchef des Hofes –, »dir muss man das ja nicht sagen. Und Krystyna, dir jetzt auch nimmer. Weil, hier ist dein Zuhause, vor allem das Zuhause deiner Pferde. Und dass es so ist, dafür möchten wir heute hier beim Helferfest allen Danke schön sagen.

Krystyna, vor der Kamera inzwischen ein Profi

Allen, die in irgendeiner Form geholfen haben, Krystyna ein Weiterleben mit ihren Pferden, mit ihrer Familie möglich zu machen.«

Unter Applaus zählte ich alle auf. Oder zumindest bemühte ich mich. Es waren so viele. Und bestimmt vergaß ich jemanden.

»Beate, was ist für dich in diesem einen Jahr, den es den Verein jetzt überhaupt erst gibt, am meisten hängen geblieben?«, fragte ich unsere Pferdeglück-Kassenwartin Beate Buckenmaier, die wirklich unermüdlich alles vorangetrieben hatte.

»Viel Arbeit. Die ganze Anspannung. Bis man gewusst hat, wohin. Was läuft, was machen wir. Am Schluss sind wir hier super angekommen«, sagte sie in die Runde. Dann wandte sie sich direkt an Krystyna: «Und das ist das Wichtigste für mich, Krystyna. Dass du für dich deine Arbeit positiv weiterführen kannst. Das war mein persönliches Ziel.«

»Emil, was ist für dich das positive Resümee, das du aus dieser Zeit gezogen hast?«, fragte ich meinen Tausendsassa von Vorstand Emil Moosmann, der so viel an Spenden eingeworben hatte.

»Dass man überall, wo man gefragt hat, offene Türen gefunden hat. Weil jeder gewusst hat, wir machen es für Krystyna und ihre Arbeit.«

Immer wieder brandete Applaus auf. Auch Krystyna klatschte immer begeistert mit.

»Krystyna, das liegt schon an dir«, ergriff ich wieder das Wort. »Und wir als Verein sind stolz, dass wir für dich was machen konnten. Es gibt einen schönen Spruch von Franz von Assisi, der es ganz gut umschreibt: Tue erst das Notwendige, dann das Mögliche, dann schaffst du auch das Unmögliche.«

Nach meinen letzten Worten erhob sich Krystyna sichtlich gerührt von der Bierbank und kam zu uns dreien nach vorne. Sie ergriff das Wort. Das war nicht geplant, und es war normalerweise auch nicht ihr Ding, aber jetzt, zwischen den Vorständen stehend, machte sie es.

»Auch ich möchte mich hier in dem Zusammenhang nochmal ganz, ganz herzlich bedanken. Bei allen, Jung und Alt, die mir so zur Seite gestanden sind. Es war nicht einfach, der Umzug, aber es war schön. Vielen Dank.«

Vor Rührung kamen ihr die Tränen, und sie floh auch ganz schnell wieder. Aber sie hatte es geschafft, dass auch wir anderen alle in diesem Moment sehr gerührt waren.

Es war ein fabelhaftes Fest. Von den Pferdemädels über die Sachspender bis hin zur Feuerwehr waren alle gekommen. Ich merkte Krystyna richtig an, dass sie gelöster war, geradezu erleichtert.

Sie schien angekommen zu sein – ihren Pferden ging es gut, sie hatte ihren Verein, ihre Kinder umgaben sie. Und sie bekam endlich die Anerkennung für ihr Lebenswerk, die ihr meines Erachtens schon lange zustand. Meine kleine, große Pferdeflüsterin. Einmal mehr hatte sich ihr Motto bewahrheitet: Immer wieder geht ein Türchen auf.

Und dann musste sie zwischendrin doch noch mal was arbeiten. Hengste auf die Weide bringen. Aber auch das war typisch Krystyna. Weil die Koppel der Hengste zu weit entfernt war, um zu Fuß zu gehen, kreierte sie eben eine spezielle Lösung. Sie fuhr ganz langsam mit dem Auto, Strick aus dem geöffneten Fenster, das Pferd nebenherlaufend. Nesko machte das wie ein Weltmeister, und so schaute ich Krystyna hinterher. Das langsam fahrende Auto und daneben der Hengst. Ein schönes Bild. Ein ganz und gar typisches.

Krystyna Laskowski und Hengst Nesko auf dem Weg zur Koppel

Und jetzt?

Inzwischen sind Krystyna und ihre Pferde schon über ein Jahr in Dornhan. Der Eschenhof hat sich ganz schön verändert. Neue Weiden sind angelegt und abgesteckt, die Wege gepflastert, ein großes Plakat weist auf Krystynas Reittherapie und den Verein Pferdeglück hin.

Unser Film hat Kreise gezogen. Krystyna wird immer wieder darauf angesprochen, und es haben sich noch mehr Leute von früher gemeldet. Auch aus Korntal. Eine ehemalige Küchenhilfe steht jetzt in engerem Kontakt zu Krystyna. Die Frau war schon zwei Mal auf dem Hof zu Besuch und telefoniert hin und wieder mit Krystyna. Mit ihr hat Krystyna auch über die Situation im Heim damals gesprochen. Die Frau, die selbst kein Heimkind war, erzählte Krystyna, dass sie immer das Gefühl hatte, dass im Heim etwas nicht stimmte, aber dass es solche Ausmaße hatte, hätte sie nie geglaubt, und sie fand es umso erstaunlicher, dass Krystyna sich so gefangen hat im Leben. Sie erzählte Krystyna, dass sie sie immer als freundlich und hilfsbereit wahrgenommen hatte, wenn sie in der Küche mitarbeiten musste.

Auf alle Fälle hat Krystyna auch da einen bleibenden Eindruck hinterlassen. Und ich finde es schön, dass über den Film auch ein Kontakt zustande kam, der nicht nur negative Erinnerungen mit Korntal verknüpft.

Von den vier Hengsten, die Krystyna vor dem Umzug an ehemalige Reitschülerinnen verkauft hat, gab es auch immer wieder Rückmeldungen. Krystyna war es wichtig zu wissen, wie es ihnen ging.

»Ihr habt den Narim besucht. Das war ja einer der vier Hengste, die du verkaufen musstest. Einer deiner Lieblingshengste«, sagte ich zu ihr bei einem Besuch.

»Narim ist in einen Offenstall gekommen nach Dunningen. Ihn habe ich neulich besucht, das ist nicht weit von hier. Ich bin rein in die Koppel, und dann ist er hingestanden vor mich, hat rumgenuschelt und getan und ist nicht mehr weg von mir. Ich hab zu ihm gesagt: Kannst du auch noch ›Grüß Gott‹ sagen? Komm, gib Batsch! Und ich hab ihm die Hand hingestreckt, und er hat, zack, den Huf gegeben. Dann gleich den anderen Huf gegeben. Der hat überhaupt nicht mehr aufhören wollen. Immer wieder ›Grüß Gott‹ sagen wollen. Er stand bei mir, als ob wir nie getrennt gewesen wären. Und es war jetzt doch ein ganzes Jahr. Durch Corona habe ich die Buben nicht mehr besucht, und von daher war das eine große Freude für mich, dass er mich gleich wiedererkannt hat. Er hat mir nachgeguckt, als ich von der Koppel gegangen bin. Sogar mitgelaufen ist er, so weit er konnte. Das glaubt man gar nicht, wie die doch noch immer eine Verbindung zu mir haben. Aber es geht ihm sehr gut dort. Er fühlt sich wohl und sieht gut aus.«

»Hast du alle vier besucht inzwischen?«

»Nein, den in der Schweiz noch nicht. Aber sonst alle.«

»Und allen vieren geht's gut?«

»Ja. Sie sehen gut aus, sind zufrieden. Sie sind überall der Liebling vom Stall. Die Leute sagen, sie hatten schon andere Pferde, aber da hatten sie nie so eine Verbindung wie jetzt speziell zu meinen.«

»Das ist doch für dich auch ein tolles Gefühl, wenn du mitkriegst, dass deine Pferde überall beliebt sind.«

»Das ist auch ein Zeichen, dass ich nichts falsch gemacht habe und dass sie einfach recht erzogen sind und trotzdem sozial sind. Nicht bloß an mich gebunden – das gibt es auch, zu sehr an eine Person gebunden, das ist nicht so gut für das Tier, wenn es mal wegmuss.«

Dr. Helmut Gebhardt, der ehemalige Landoberstallmeister in Marbach, der auch Vereinsmitglied bei Pferdeglück ist, hat über Krystyna bei einer Vereinssitzung mal eine unvergessliche Feststellung gemacht: »Pferdeflüsterin wird Krystyna genannt. Aber sie muss im Umgang mit ihren Pferden nicht flüstern. Denken genügt.«

Wie recht er damit hat.

Krystyna Laskowski besucht Narim

Aber nicht nur Krystynas Pferde sind sehr gut geraten unter ihrer vertrauensvollen Erziehung, auch ihre ehemaligen Pferdemädchen. Inzwischen sind einige von ihnen zu erwachsenen Frauen herangewachsen, die sie sehr tatkräftig unterstützen. Sie nennen Krystyna Omi.

»Da bist du ja vielfache Großmutter!«, sagte ich zu ihr. Das ging mir richtig ans Herz. Als sie mir das erzählte, strahlte Krystyna mit ihren neuen Zähnen geradezu. Und das war auch eine Neuentwicklung. Zähne!

»Wie kam es dazu?«, fragte ich sie. Wir aßen nebenher Butterbrezeln, die ich mitgebracht hatte. Krystyna konnte endlich auch herzhaft zubeißen.

»Ich wollte die schon immer machen lassen, habe aber immer Angst gehabt vor dem Zahnarzt. Aber dann in der Coronazeit, als ich nicht gewusst habe, wie und was, da hat eine von meinen Mädchen eine Zahnärztin ausfindig gemacht und hat das mitorganisiert. Ich habe gesagt: entweder jetzt oder gar nicht mehr.«

»Du hast gesagt, 23 Jahre ohne. Darf ich dich fragen, was war der Grund, warum du so lange gebraucht hast, um neue Zähne machen zu lassen?«

Ich formulierte das bewusst so vorsichtig. Meine Kollegin und ich hatten ja im Laufe unserer Jahre mit Krystyna sehr viele Gespräche mit Leuten geführt, die sich für die Geschichte interessierten. Unter anderem auch mit der Leiterin einer Einrichtung in Stuttgart, die mit wohnungslosen Frauen arbeitet, die meiner Kollegin erklärt hatte, warum viele Frauen mit Missbrauchserfahrungen Ärzte, aber vor allem Zahnärzte meiden und dadurch häufig mit Zahnruinen herumlaufen. Das Ausgeliefertsein im Zahnarztstuhl, ein Mann, der sich über einen beugt. Viele wurden auch oral missbraucht, so dass eine schmerzhafte Behandlung im Mundraum wohl nicht in Frage kommt.

Aleah und Flecky

Was davon auf Krystyna zutraf, wusste ich nicht. Aber ich hatte so eine Ahnung, was der Grund für ihre drei ursprünglich verbliebenen Zähne im Mund gewesen war.

»Für mich war es immer schlimm, wenn der Zahnarzt so über mir hing. Da ist einfach vom Kinderheim her alles wieder hochgekommen. Von der Vergewaltigung und so. Und das habe ich einfach nicht ertragen können«, erzählte Krystyna ganz frei heraus.

Wieder einmal war ich schockiert, als sie mir das anvertraute, obwohl ich geahnt hatte, was dahintersteckte.

Sie erzählte weiter: »Ich war zwischendrin noch einmal, knapp 40 war ich da, bei einem Zahnarzt, der so komisch über mich drüber geredet hat und gesagt hat: ›Wie kann man so rumlaufen!‹ Und er hat scharf gesprochen und war über mir. Da ist mir aus Versehen die Hand ausgerutscht. Ich hab ihm eine geklatscht, bin aufgestanden und abgehauen. Jacke und alles zurückgelassen. Er hat mich angezeigt. Aber ich bin damals freigesprochen worden, weil ich es gleich erklärt habe, wie es war. Und seitdem wollte ich gar nichts mehr vom Zahnarzt wissen.«

»Und zu der Zahnärztin hast du aber Vertrauen gehabt, und die hat das alles prima gemacht?«

»Da gehe ich auch jetzt noch hin. Immer wieder zur Kontrolle. Da bin ich sehr zufrieden. Und auch ihr Chef, der kam auch ein bisschen näher an mich heran, und da war jetzt auch nichts.«

»Und wie war das, als du dich mal wieder mit Zähnen gesehen hast? Musstest du dich selbst anlachen?«

»So war's. Und alle, die mich gesehen haben, haben gesagt: Siehst du gut aus, und du bist viel jünger.«

»Du lachst auch anders. Vorher hast du immer die Oberlippe drübergestülpt, dass man es nicht so sieht. Du lachst freier.«

Wie sie sich überhaupt verändert hat, seit wir uns kannten. Die Zähne sind das Offensichtlichste. Aber wenn ich an das kleine Hutzelweibchen denke, das ich beim ersten Drehtag kennenlernte, ist wirklich ein großer Unterschied zu sehen. Krystyna ist aufgeblüht. Nicht nur optisch. Sie nimmt auch Hilfe an. Natürlich will sie vieles nach wie vor selbst machen. Aber wenn es eben mal nicht geht, dann freut sie sich über ihre ganzen Helferlein.

Ein Helferlein im großen Stil ist ihr auch geblieben: Frank Hofmeister, der Möbelhausbesitzer, der nach dem ersten Film zu ihr kam und sie zu seiner Weihnachtsbenefizgala eingeladen hatte. Das ist eine erstaunliche Freundschaft und freut mich sehr.

Und ihr Ruf eilt ihr inzwischen voraus. Sie hat ganz besondere Fälle in der Reittherapie, vor allem Kinder, deren Familien teilweise anreisen, um sie zu treffen. Von zwei Fällen wusste ich und fragte danach. Ein kleiner Junge war erst kurz vor unserem Treffen bei ihr auf dem Hof.

»Das Kind ist nicht gesund?«, fragte ich, weil ich es nicht genau wusste.

»Gesund schon. Nur hat er von Geburt an einen Hörschaden. Er kann nicht hören. Er hat Implantate gekriegt, und das muss erst geschult werden. Der Bube ist vier Jahre alt. Da muss viel nachgeholt werden, weil er dadurch, dass er nicht hören konnte, auch nicht sprechen gelernt hat. Er macht aber anscheinend große Fortschritte.«

»Der Kleine hat zu dir gleich eine ganz tolle Beziehung aufgebaut?«

»Er ist gekommen, hat gleich meine Hand genommen, ist mit mir gelaufen und hat alles angeguckt. Und als wir ihn aufs Pferd gesetzt haben, hat er angefangen zu brabbeln. Abends hat mich sein Stiefvater angerufen und hat gesagt, dass er noch nie so viel erzählen wollte. Auch zuhause noch. Er war anscheinend überwältigt und ist fast nicht in den Schlaf reingekommen. Die Familie war dann nochmal da, und da hat er schon ein paar Worte gesprochen. Da hat sich etwas gelöst hier auf dem Pferd. Seither spricht er auch mehr zu Hause.«

»Meinst du, das hat sich gelöst durchs Reiten? Durch das Pferd? Oder durch dich auch?«

»Zur Pferdetherapie gehört auch immer der Trainer. Das gehört schon dazu. Aber die Hauptsache ist das Pferd. Das, was ich bin, bin ich nur durch meine Tiere. Sonst wäre ich nichts.«

Krystynas Bescheidenheit kann ich meistens nicht stehen lassen. Auch jetzt nicht. Ich insistiere. »Du hast aber schon auch einen Zugang zu den Menschen.«

»Das schon. Aber hauptsächlich durch Tiere.«

»Du spürst das Handicap auch wie deine Tiere. Wie bist du denn auf das Bübchen zugegangen?«

»Ganz unbedarft. Ich habe ihn eine Weile beobachtet, und er hat mich beobachtet. Und dann hab ich bloß mal die Hand hingestreckt und hab ihn gar nicht angeguckt dabei. Da hat er gleich nach meiner Hand gegriffen, hat aber wieder zurückgezogen. Ich hab meine Hand einfach da gelassen und bin losgelaufen. Er ist mir nachgelaufen, und plötzlich war er neben mir und hat meine Hand genommen.«

»Da hast du die erste Hürde sozusagen überwunden.«

Wirklich wieder typisch Krystyna, diese Geschichte. Eine andere rührende Reittherapie war mir auch zu Ohren gekommen, und ich wollte mehr darüber wissen.

»Und wie ist das mit der kleinen Aleah?«

»Aleah, die Nichte von Beate Haberstroh, hat nur noch eine halbe Beckenschaufel. Sie hat Knochenkrebs, die andere Hälfte musste entfernt werden. Hoffentlich ist dadurch der Krebs besiegt. Dadurch war sie aber schief. Wenn man sie allerdings aufs Pferd setzt, der gleichmäßige Gang vom Pferd, gleicht sie das über die Wirbelsäule aus. Sie wird dadurch stabilisiert. Im Moment können die Ärzte an der Beckenschaufel nichts machen, bis das Kind ausgewachsen ist. Ihr ganzer Körper muss sich allein mit den Bändern und der Muskulatur stabilisieren, bis sie ausgewachsen ist, und erst dann kann man was machen. Sonst wäre sie halt ganz schief. Das ist eine ganz, ganz Clevere. Eine Goldige.«

»Das heißt, durch deine Therapie mit dem Pferd …?«

»Kann man da zusätzlich zur Krankengymnastik unterstützen. Für das Kind auch wichtig – sie ist ja eine ganz Wache und sehr lebhaft –, sie kann da ihr Temperament auf Flecky ein bisschen ausleben. Sie hat eine große Freude an den Tieren. Das ist gut für ihr Selbstwertgefühl, dieses Losgelassensein. Und trotz der schweren Operationen und wenn sie die anderen Kinder rennen sieht, und sie selbst kann nicht rennen – aber sie kann reiten. Das ist viel wert bei solch einem Kind. Aber mein Flecky, auf dem sie immer geritten ist, hatte eine Kolik. Wir haben nicht geglaubt, dass er es noch schafft. Aber er ist davongekommen.«

»Der hat wohl gemerkt, dass er muss. Dass man ihn braucht.«

»So ungefähr. Der ist auch ein zäher Knochen – wie ich auch. Mein Flecky. Den habe ich jetzt auch schon 25 Jahre.«

Das kleine gescheckte Pony ist eines ihrer besten Therapiepferde. Flecky war schon mit auf der Weihnachtsgala im Zirkuszelt und hat nicht mit der Wimper gezuckt.

Ein anderes Pony hatte in der Zeit vor Corona noch ein kleines Wunder vollbracht. Ein eher finanzielles Wunder. Als Vorständin vom Verein Pferdeglück wusste ich natürlich davon, wollte die Geschichte aber noch einmal von Krystyna in ihren Worten hören.

»Die Geschichte von dem versteigerten Pony – was ist da passiert, Krystyna?«

»Angefangen hat das über die Gala vom Frank Hofmeister, da war die Frau Dr. Astrid von Velsen-Zerweck vom Haupt- und Landesgestüt auch eingeladen, und die hat dann nachher gefragt, ob ich bereit wäre, zur Gala der Süddeutschen Hengsttage nach München zu kommen. Sie wollten dort ein wenig Werbung für den Verein Pferdeglück machen. Sie wüsste es noch nicht genau, sie wollte erst mal hören, ob ich bereit wäre. Als Erstes habe ich gefragt, ob mit Pferden. Aber sie meinte, das wäre ohne Pferde. Einfach, dass ich da bin, weil ich früher in der Zucht gewesen bin, dass ich nochmal die Hengstkörung miterlebe.«

Therapiepferd Flecky hat die Kolik überlebt

»Hast du dich darüber gefreut?«

»Ich habe mich gefreut und gedacht, da komme ich wieder gut in die Materie rein und sehe die alten Leistungsreiter wieder. Sie hat gesagt, sie gibt Bescheid, ob es wirklich stattfindet. Irgendwann hat sie mich angerufen und gesagt, sie würden da was machen und was versteigern, zu unseren Gunsten. Sie hat aber nicht gesagt, wie und was. Das mit dem Pony haben wir erst ganz zum Schluss erfahren, als wir schon dort waren. Ich habe einen Logenplatz bekommen, ganze vorne dran. Und Astrid von Velsen-Zerweck hat gesagt, sie würde zu Ehren von mir auch noch ihren Araberhengst vorführen.«

»Oh!«

»Ja! Das ist einer, der das Championat in Norddeutschland gewonnen hat. Und dann kam noch die Idee vom Auktionator Hendrik Schulze Rückamp, dass sie ein Pony stiften, versteigern und das Geld uns zugutekommt. So ist der Abend gelaufen. Zuerst die ganzen Vorstellungen, Reitvorführungen, Hengstvorführungen. Dann ist der Araberhengst gekommen – zu mir her an den Logenplatz! Ich hab ihn gestreichelt und ein bisschen geschwätzt.«

Ich wusste, was sie mit »ein bisschen geschwätzt« meinte. Sie wurde in der Halle mit 5000 Zuschauern zu ihrer Arbeit mit ihren Pferden interviewt. Meine kleine Krystyna, auch hier wieder klassisches Understatement.

»Zum Schluss ist die Versteigerung gewesen. Sie haben das Ponystütchen Süd-früchtchen gebracht, haben sie an der Hand vorgeführt und bekanntgegeben, dass sie zugunsten von Pferdeglück versteigert wird. Es hat mal ganz langsam angefangen mit 100 und 200 Euro. Und wir haben nie geglaubt, dass das so hoch geht. Als es dann bei 3000 Euro war, haben sie 500-Euro-Schritte gemacht. Zum Schluss waren es 9000 Euro und ungerade. Das hat dann die Frau, die es ersteigert hat, auf 10 000 Euro

Auf der Hengstparade in München

aufgerundet. Das war eine ehemalige Dressurreiterin, Elisabeth Max-Theurer, die ich kannte, und ihre Tochter Victoria.«

Wie ich inzwischen erfahren hatte, hatte es ein richtiges Bieterduell gegeben, und schließlich hatte die neue Besitzergemeinschaft der Max-Theurers, Gestüt Vorwerk und Pramwaldhof aus Österreich, gewonnen.

»Die haben einen Hof, auf dem sie auch Ponys halten, und da ist Südfrüchtchen hingekommen. Sie ist eine dreijährige Mini-Shetty-Stute.«

Südfrüchtchen hat jetzt den klangvollen Namen »DSP Pramwaldhofs Südfrücht-chen GV VMT«, hat sich auf dem Pramwaldhof bereits sehr gut eingelebt und hat in Charly einen kleinen Shettyfreund gefunden. Krystyna war die Versteigerung zuerst gar nicht so recht, weil sie nicht wusste, wo die Shettystute schließlich landen würde und ob es ihr dann auch gut ginge. Dass sie bei den Max-Theurers ein gutes Zuhau-se gefunden hatte, freute sie umso mehr.

Aber es gab noch mehr zu erzählen von diesem Abend in München:

»Nach der Gala ist unser Emil, unser Vorstand vom Verein, zu Sissy Max-Theurer rübergegangen und hat sich bedankt. Ich bin noch bei der Tochter Victoria gewesen. Wir saßen eine Weile zusammen. Und am Schluss haben sie noch einmal 10 000 oben-drauf gelegt.«

Krystynas Wirkung auf Menschen, warum erstaunte sie mich immer noch? Ich hatte sie ja am eigenen Leib erfahren. Das ist eine Wirkung, die nicht manipuliert ist, sondern durch ihre Authentizität, durch ihre echte Herzensgüte entsteht. Menschen spüren das in ihrer Gegenwart einfach. Pferde natürlich auch.

»Mein lieber Scholli! Da hast du aber geglotzt, oder?«, fragte ich, weil das ja schließlich eine stattliche Summe ist.

»Ich kann es gar nicht beschreiben.«

»Wie ein inneres Feuerwerk?«

»Ja, und es war ein wunderschöner Abend.« Dieser Aussage folgte ein unglaubliches Strahlen, dass ihre neuen Zähne mir nur so entgegenblitzten.

Und natürlich waren diese und andere Spenden auch toll für den Verein, der dadurch Krystyna in Coronazeiten finanziell unterstützen konnte. Wir durften beim Kauf des Pferdefutters und der Stallmiete helfen, durften Krystyna eine FSJ-lerin zur Seite stellen. Sie musste ja sämtliche Reitstunden ausfallen lassen. Die Pferde mussten notbewegt werden. Eine Leistung, die sie alleine gar nicht geschafft hätte.

Die Polizei stand mehrfach auf dem Hof und kontrollierte, dass auch wirklich nichts stattfand. Krystyna versorgte ihre Polizei-Besucher dann mit süßen Stückchen. Ich will jetzt nicht behaupten, dass sie nur deshalb und wegen der netten Krystyna kamen, aber ich als Polizistin hätte das vielleicht gemacht.

Krystyna ist mittlerweile 71 Jahre alt. Da liegt natürlich eine Frage auf der Hand:

»Wie lange möchtest du noch machen?«

»Solange es geht. Solange ich fit bin, und solange meine Pferde noch mitmachen. Die sind halt auch nicht mehr die Jüngsten.«

»Das heißt, wenn jemand das hier mal übernehmen wollte, müsste er mit eigenen Pferden wieder anfangen?«

»Ja. Meine Pferde haben so viel gearbeitet. Wenn ich in Rente gehe, gehen sie auch in Rente. So denke ich.«

Und ich wusste, dass Krystyna so schnell nicht in Rente gehen würde. Nicht, solange es Menschen gibt, die Reittherapie so dringend brauchen. Nicht, solange Kinder zu ihr kommen, die nur mit Pferden richtig aufblühen. Nicht, solange ihre Pferde jeden Tag aufs Neue darauf warten, dass ihre kleine Pferdeflüsterin kommt und mit ihnen zusammen ist.

»Ich bin stolz auf das, was ich gemacht habe, und hoffe, dass ich einfach noch ein paar schöne Jährchen habe. Das ist jetzt noch mein großer Wunsch. Ruhiger, auch ein bisschen an mich denken. Mir mal etwas gönnen. Ich hab schöne Jahre schon gehabt. Auch harte. Aber im Großen und Ganzen bin ich unheimlich zufrieden«, sagte Krystyna zum Schluss unseres Gesprächs.

Sie, die solch ein Leben zwischen Himmel und Hölle hatte. Aber so ist das eben mit der menschlichen Existenz. Sie ist das, was man daraus macht. Ein Satz, der wie kein anderer auf Krystyna passt: Wenn das Leben dir Zitronen schenkt, mach Limonade daraus. Und Krystynas Limonade ist besonders köstlich.

Wenn das Leben dir Zitronen schenkt, mach Limonade daraus